高等学校应用型特色规划教材

MySQL 数据库项目化教程

冯天亮　骆金维　主编
谢品章　邓庆海　詹宝容　副主编

电子工业出版社
Publishing House of Electronics Industry
北京·BEIJING

内 容 简 介

本书以实际的学生竞赛项目管理系统为案例依托，从 MySQL 数据库的相关概念及理论知识出发，介绍系统需求分析、数据库设计与实施、数据库管理与优化等内容，最终实现学生竞赛项目管理系统的设计、开发、部署和运行。全书以项目为单元，共分为 9 个项目，28 个子任务，项目一为数据库的设计，项目二为 MySQL 数据库，项目三为数据库的管理，项目四为数据表的管理，项目五为数据查询，项目六为数据库编程，项目七为数据库索引与视图，项目八为数据库安全及性能优化，项目九为学生竞赛项目管理系统的开发。书中各项目的子任务之间，内容循序渐进，逐层深入，力求将关系数据库中抽象的问题具体化、图形化，化复杂为简单，适合教学。

本书可作为应用型本科院校、高职高专院校计算机及相关专业数据库课程的教材，也可以作为 MySQL 数据库初学者及相关开发人员的参考书。

未经许可，不得以任何方式复制或抄袭本书之部分或全部内容。
版权所有，侵权必究。

图书在版编目（CIP）数据

MySQL 数据库项目化教程/冯天亮，骆金维主编. —北京：电子工业出版社，2018.8
ISBN 978-7-121-34591-3

Ⅰ．①M… Ⅱ．①冯… ②骆… Ⅲ．①SQL 语言－程序设计－高等学校－教材 Ⅳ．①TP311.132.3

中国版本图书馆 CIP 数据核字（2018）第 137798 号

策划编辑：章海涛
责任编辑：章海涛　　文字编辑：刘　璐
印　　刷：北京虎彩文化传播有限公司
装　　订：北京虎彩文化传播有限公司
出版发行：电子工业出版社
　　　　　北京市海淀区万寿路 173 信箱　　邮编：100036
开　　本：787×1092　1/16　印张：11.25　字数：333 千字
版　　次：2018 年 8 月第 1 版
印　　次：2021 年 7 月第 6 次印刷
定　　价：35.00 元

凡所购买电子工业出版社图书有缺损问题，请向购买书店调换。若书店售缺，请与本社发行部联系，联系及邮购电话：(010) 88254888，88258888。
质量投诉请发邮件至 zlts@phei.com.cn，盗版侵权举报请发邮件至 dbqq@phei.com.cn。
本书咨询联系方式：liuy01@phei.com.cn。

前　言

本书根据当前教材建设和教材改革的新思路进行编写，作者团队由教学经验丰富、行业背景深厚的高职院校一线"双师型"教师和企业专家共同组成，融理论知识、实践技能、行业经验于一体。本书内容注重和职业岗位相结合，遵循职业能力培养的基本规律，采用"任务驱动"的编写模式，以学生竞赛项目管理系统为典型案例，介绍数据库的相关概念、数据库技术应用的基本技能及技巧。

本书以实际的学生竞赛项目管理系统为案例依托，从 MySQL 数据库的相关概念及理论知识出发，介绍系统需求分析、数据库设计与实施、数据库管理与优化等内容，最终实现学生竞赛项目管理系统的设计、开发、部署和运行。全书以项目为单元，共分为 9 个项目，28 个子任务，项目一为数据库的设计，项目二为 MySQL 数据库，项目三为数据库的管理，项目四为数据表的管理，项目五为数据查询，项目六为数据库编程，项目七为数据库索引与视图，项目八为数据库安全及性能优化，项目九为学生竞赛项目管理系统的开发。书中各项目的子任务之间，内容循序渐进，逐层深入，力求将关系数据库中抽象的问题具体化、图形化，化复杂为简单，适合教学。

本书可作为应用型本科院校、高职高专院校计算机及相关专业数据库课程的教材，也可以作为 MySQL 数据库初学者及相关开发人员的参考书。

本书由广东创新科技职业学院冯天亮和骆金维担任主编，负责整书思路和主要框架。全书编写分工如下：项目一由冯天亮、骆金维编写；项目二、项目七由詹宝容编写；项目三由骆金维编写；项目四、项目五由邓庆海编写；项目六、项目八由谢品章编写；项目九由骆金维、蔡如彩编写，全书由冯天亮进行统稿。广州市金禧信息技术服务有限公司开发的学生竞赛项目管理系统为本书的编写素材，蔡如彩在本书的项目设计、任务编排等方面从企业实际工作过程和工作内容的角度给予有益的指导。

本书提供电子课件、源代码等配套教学资源，读者可登录华信教育资源网（www.hxedu.com.cn）注册并免费下载。

由于时间仓促，书稿内容多，要将各个知识点融入各个项目案例中，是一项难度很大的工作，加上编写团队能力有限，书中难免有疏漏之处，请广大读者批评指正。

编　者

目　录

项目一　数据库的设计 1
- 任务一　需求分析 1
- 任务二　E-R 模型设计 5
- 任务三　使用 ER/Studio 设计学生竞赛项目管理系统数据库 11
- 实践训练 18

项目二　MySQL 数据库 20
- 任务一　MySQL 数据库的下载与安装 20
- 任务二　MySQL 服务器的配置 25
- 任务三　MySQL 服务器开启与数据库登录 31
- 实践训练 34

项目三　数据库的管理 36
- 任务一　数据库服务器的连接与数据库的创建 36
- 任务二　数据库的备份与恢复 45
- 任务三　数据库的导入与导出 50
- 实践训练 53

项目四　数据表的管理 55
- 任务一　数据类型 55
- 任务二　数据表的创建与管理 62
- 任务三　数据管理 70
- 任务四　数据完整性 74
- 实践训练 82

项目五　数据查询 83
- 任务一　简单查询 83
- 任务二　连接查询 93
- 任务三　子查询 96
- 实践训练 99

项目六　数据库编程 101
- 任务一　存储过程的使用 101
- 任务二　存储函数的使用 105
- 任务三　触发器的使用 109
- 任务四　游标的使用 112
- 任务五　事务 113
- 实践训练 116

项目七　数据库索引与视图 ……………………………………………………………… 118
任务一　索引的创建与删除 …………………………………………………………… 118
任务二　视图的创建与管理 …………………………………………………………… 126
实践训练 ………………………………………………………………………………… 136

项目八　数据库安全及性能优化 …………………………………………………………… 137
任务一　数据库用户管理 ……………………………………………………………… 137
任务二　数据库权限管理 ……………………………………………………………… 143
任务三　数据库性能优化 ……………………………………………………………… 145
实践训练 ………………………………………………………………………………… 153

项目九　学生竞赛项目管理系统的开发 …………………………………………………… 154
任务一　学生竞赛项目管理系统的设计 ……………………………………………… 154
任务二　学生竞赛项目管理系统的实现 ……………………………………………… 158
实践训练 ………………………………………………………………………………… 173

参考文献 ……………………………………………………………………………………… 174

项目一　数据库的设计

学习目标

项目任务	任务一　需求分析 任务二　E-R 模型设计 任务三　使用 ER/Studio 设计学生竞赛项目管理系统数据库
知识目标	（1）了解数据库基本概念、基本理论知识 （2）掌握关系数据库设计方法 （3）学会用工具软件设计 E-R 图 （4）使用 E-R 模型进行数据库的概念设计
能力目标	（1）具备使用工具软件设计绘制 E-R 图的能力 （2）具备关系数据库分析的能力 （3）具备数据库逻辑设计的能力 （4）具备数据库管理员管理数据库的能力 （5）具备关系数据库物理设计的能力
素质目标	（1）培养学生解决实际问题的独立思考的能力 （2）培养学生团队协作的精神 （3）培养学生思考、分析、解决问题的思维习惯 （4）培养学生良好的心理素质 （5）培养学生数据库设计人员的职业素养

任务一　需求分析

　　学生竞赛项目管理系统以信息化技术为管理手段，实现竞赛系统的管理工作，可将竞赛相关信息存储在关系数据库服务器中，供用户随时随地进行存取，数据一致性高。赛前，可在系统上发布相关竞赛信息，方便竞赛的宣传，使用户只需通过浏览器就可以查看竞赛的相关内容。开始竞赛时，系统还提供用户报名注册功能，参赛选手可进行在线注册报名，方便竞赛工作人员统计报名人员情况。竞赛成绩出来后，参赛人员可通过系统查询比赛成绩。综上所述，学生竞赛项目管理系统可实现对赛事的提前宣传，参赛选手的注册报名，后台实时记录参赛选手报名情况，以及对比赛成绩的统计分析等功能，管理方便，效率较高。

　　学生竞赛项目管理系统是由广东创新科技职业学院与广州市金禧信息技术有限公司联合设计开发的。系统包括赛前发布信息、网上注册、在线报名、查询并发布竞赛成绩等功能。

　　学生竞赛项目管理系统的数据信息存储在关系数据库服务器中，数据库在管理系统中起到核心的作用，为竞赛相关的数据存储和数据管理提供了平台与手段。为了便于对竞赛进行组织管理，应采用科学的方法设计开发一个结构良好的数据库，这要求数据库开发人员充分掌握数据库的理论知识和设计技巧。

一、任务描述

本次任务依据学生竞赛项目管理系统，分析其需求情况，依据需求情况进行数据库设计，为学生竞赛项目管理系统设计一套科学、合理的数据库系统。

二、任务分析

数据库（Database，DB）是按照一定的数据结构对数据进行组织、存储和管理的容器，是存储和管理数据的仓库。数据库中存储着数据库的对象，如数据表、索引、视图、存储过程、函数、触发器、事件等。

数据库管理系统（DataBase Management System，DBMS）是安装在操作系统之上的，用来管理、控制数据库中各种数据库对象的系统。用户并不直接通过操作系统存取数据库中的数据，而是通过数据库管理系统调用操作系统的进程来管理和控制数据库对象。

关系数据库管理系统（Relational DataBase Management System，RDBMS）是管理关系数据库的系统。关系模型是数据模型的一种，是较常用的数据模型。数据模型除常用的关系模型外，还有层次模型、网状模型、面向对象模型等。目前，关系数据库管理系统有很多，例如，Microsoft SQL Server、DB2、Sybase、Oracle、MySQL 等。其中，MySQL 数据库具有开源、轻便、易用等特点，像淘宝、百度、新浪微博等很多应用都使用了 MySQL 数据库。

关系数据库管理系统的特征如下：
① 数据以数据表的形式存放在数据库中；
② 数据表中的每行称为记录，用于记录一个实体的各项属性；
③ 数据表中的每列称为字段，用于记录实体的某一属性；
④ 一张数据表是由许多的行和列组成的，一张数据表记录一个实体集；
⑤ 若干数据表组成数据库，数据库中的数据表与数据表之间存在一定的联系。

学生竞赛项目管理系统的数据库用来存储和管理参赛选手、参赛成绩等相关信息。具体数据涉及参赛选手信息、指导教师信息、赛前培训信息、比赛信息、管理员信息等。这些数据信息按照一定的规则存储在数据库中各张数据表内，并且数据表与数据表之间又存在一定的关联。如多个年级、多个专业的学生可参加多项竞赛，一名学生可参加多项竞赛，而每项竞赛又可以有多名学生参加，每名学生参加竞赛有指导教师进行指导，一名教师又可以指导多项比赛。这些关联关系需要经过分析进行提取，所以就需要进行数据库设计，理清这些数据表之间的关系。

数据库设计是系统开发过程中非常重要的一个环节，设计的好坏直接关系到后面系统的使用是否顺畅。在设计数据库时，可以借助 ER/Studio、PowerDesigner 等数据库设计工具软件，提高数据库设计的效率。

首先是对系统进行需求分析，分析系统需要存储哪些数据，数据之间存在哪些关系，需要建立哪些应用，对数据有哪些常用的操作，以及需要操作的对象有哪些。分析清楚这些关联关系后，再进行数据库概念设计，对需求分析所得到的数据进行更高层次的抽象描述；然后进行数据库逻辑设计，主要是将概念模型所描述的数据映射为某个特定的 DBMS 模式的数据；最后是对数据库进行物理设计，确定数据库中有哪些数据表。

数据库在设计过程中需要遵循一定的原则，如实体的属性应该仅存在于某一实体中，如果存在于多个实体中就会造成数据冗余，数据冗余会造成数据存储容量的增加和存储空间的浪费。但是，也不能因为担心数据冗余而使数据不完整。实体是一个单独的个体，不能存在于另一个实体中成为其属性，即一张数据表中不能包含另一张数据表。数据库如果设计得不完美，将会直接影响后期对数据的操作，如数据查询、数据添加、数据修改、数据删除等。

在表 1-1 中，给出了学生实体，其包括学号、姓名、性别、专业、班级名、所在院系等属性，学生实体中出现了表中套表的现象。因为班级名和所在院系联系紧密，所以应该将班级名、所在院系属性抽取出来，分别放入班级实体、院系实体中。

表 1-1 学生表

学 号	姓 名	性 别	专 业	班级名	所在院系
1601160301	张三	男	计算机网络技术	网络1班	信息工程学院
1601160302	李四	女	计算机网络技术	网络2班	信息工程学院
1601160303	王五	男	计算机网络技术	网络3班	信息工程学院
160116030	刘六	女	计算机网络技术	网络1班	信息工程学院
1601160303	赵七	男	计算机网络技术	网络2班	信息工程学院

数据库在设计过程中需要根据用户需求将信息挖掘出来，用户需求信息是现实世界客观存在的事物，事物是相互区别的，也是普遍联系的。需将这些客观存在的事物的联系转换为信息世界的模型，即概念模型。概念模型用于信息世界的建模，有较强的语义表达能力，能够方便、直接地表达应用中的各种语义知识，简单、清晰、易于用户理解。信息建模是现实世界到机器世界的一个中间层次，是数据库设计的有力工具，概念模型是数据库设计人员和用户之间进行交流的语言。

关系数据库中涉及以下几个基本概念。

① 实体（Entity）：客观存在并可相互区分的事物称为实体，可以是具体的人、事、物或抽象的概念。

② 属性（Attribute）：实体所具有的某一特性称为属性，一个实体可由多个属性来描述。

③ 码（Key）：唯一标识实体的属性集称为码，又称键。

④ 域（Domain）：属性的取值范围称为该属性的域。

⑤ 实体型（Entity Type）：用实体名及其属性名集合来抽象和刻画同类实体，称为实体型。

⑥ 实体集（Entity Set）：同一类型实体的集合称为实体集。

⑦ 联系（Relationship）：在现实世界中事物内部及事物之间的联系，在信息世界中反映为实体内部的联系和实体之间的联系。

三、任务完成

在数据库设计过程中，可使用实体-联系图（Entity-Relationship Diagram）来建立数据模型。实体-联系图简称 E-R 图，相应地，可将用 E-R 图描绘的数据模型称为 E-R 模型。E-R 图中包含了实体、属性和联系，通常用矩形框代表实体，矩形框内写明实体名称，用椭圆形代表实体（或联系）的属性，用菱形框代表联系，并用直线将实体（或联系）与其属性连接起来。

例如，在学生实体中，学生的姓名、学号、性别都是属性。如果是多值属性的话，可在椭圆形外面再套椭圆形。学生实体集 E-R 图、教师实体集 E-R 图、参赛关系 E-R 图分别如图 1-1、图 1-2、图 1-3 所示。

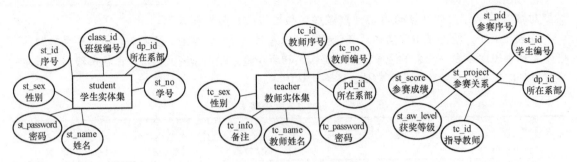

图 1-1 学生实体集 E-R 图　　图 1-2 教师实体集 E-R 图　　图 1-3 参赛关系 E-R 图

联系也称关系,可分为一对一联系、一对多联系、多对多联系 3 种类型。

(1) 一对一联系(1∶1)

如果对于实体集 A 中的每个实体,实体集 B 中至多有一个(也可以没有)实体与之联系,反之亦然,则称实体集 A 与实体集 B 具有一对一联系,记为 1∶1,如图 1-4 所示。

例如,一个班级只有一名正班长,而每名正班长只属于一个班级,则班级与班长的联系是一对一联系。

(2) 一对多联系(1∶n)

如果对于实体集 A 中的每个实体,实体集 B 中有 n 个实体($n \geqslant 0$)与之联系,反之,对于实体集 B 中的每个实体,实体集 A 中至多只有一个实体与之联系,则称实体集 A 与实体集 B 具有一对多联系,记为 1∶n,如图 1-5 所示。

例如,某校教师与课程之间存在一对多联系("教"),即每位教师可以教多门课程,但是每门课程只能由一位教师来教。

(3) 多对多联系(m∶n)

如果对于实体集 A 中的每个实体,实体集 B 中有 n 个实体($n \geqslant 0$)与之联系,反之,对于实体集 B 中的每个实体,实体集 A 中也有 m 个实体($m \geqslant 0$)与之联系,则称实体集 A 与实体 B 具有多对多联系,记为 m∶n,如图 1-6 所示。

例如,学生与课程之间的联系是多对多联系("学"),即一名学生可以学多门课程,而每门课程也可以有多名学生来学。

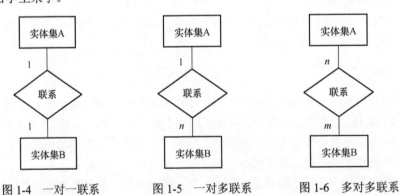

图 1-4　一对一联系　　图 1-5　一对多联系　　图 1-6　多对多联系

学生竞赛项目管理系统的 E-R 实体模型如下:一名学生可以参加多项竞赛,一个竞赛项目可以有多名学生来参加,故参赛学生与竞赛项目之间属于多对多联系。教师指导学生参加竞赛,一位教师可以指导多名学生参加竞赛,一名学生可以参加多项竞赛,可以被多位教师指导,学生参加竞赛与教师指导竞赛之间也是属于多对多联系。

根据分析,学生竞赛项目管理系统的 E-R 图如图 1-7 所示。

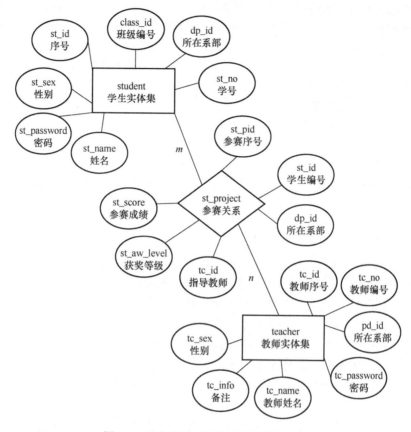

图 1-7 学生竞赛项目管理系统的 E-R 图

四、任务总结

MySQL 是一种开源的关系数据库管理系统，目前，中小型企业大多使用 MySQL 数据库来存储和管理企业的数据，MySQL 使用最常用的数据库管理语言——结构化查询语言（Structured Query Language，SQL）进行数据库管理。

本任务介绍了关系数据库管理系统的基本概念和相关理论知识，以及如何将客观世界的事物转换成信息世界的关系模型。又对学生竞赛项目管理系统中的数据库进行了需求分析，根据需求分析完成了实体集及属性的定义，并用 E-R 图描述了实体集。其中，介绍了 E-R 图的三要素：实体集、属性和联系。

任务二　E-R 模型设计

关系数据库中的数据表都是二维表，所谓二维表是指数据表中的每行有相同的列数，每列有相同的行数，不可以对表中的列再分子列或者对表中的行再分子行。数据表中的每行用来记录实体集中的一个实体，称为一条记录，关系数据库不允许出现重复记录。数据表的每列用来描述实体集某一方面的属性特征，称为字段。

用 E-R 图可以描绘并建立数据模型——E-R 模型。关系数据库的设计是指根据系统需求分析来设计系统数据库的 E-R 模型。数据表是数据库中最为重要的对象，采用"一事一地"的原则绘制出 E-R 图后，可以通过如下几个步骤由 E-R 图生成数据表：

① 为 E-R 图中的每个实体建立一张数据表；
② 为每张数据表定义一个主键（如果需要，可以向数据表中添加一个没有实际意义的字段作为该表的主键）；
③ 数据表与数据表之间有一定的联系时，可以添加数据表外键来表示一对多联系；
④ 通过建立新数据表来表示多对多联系；
⑤ 为数据表中的字段选择合适的数据类型；
⑥ 对数据表中的数据有特定要求时，可以定义约束条件。

一、任务描述

学生竞赛项目管理系统数据库中涉及的实体主要有参赛学生、班级信息、指导教师、系部信息、参赛信息、赛前培训信息等。本任务根据设计完成的 E-R 图，为每个实体建立一张数据表。

二、任务分析

关系数据库中的数据表是二维表，是由列和行构成的。二维表是规范表，要求每行有相同的列数，每列有相同的行数，并且数据表中的每条记录都必须是唯一的，即在同一张数据表中不允许出现完全相同的两条记录。关系数据库表中必须存在关键字，关键字是能够唯一标识表中记录的字段或字段组合。例如，在学生表中，由于学号字段不允许重复且不允许取空值（NULL），因此学号可以作为学生表的关键字。在所有的关键字中选择一个关键字作为该数据表的主关键字，称为主键（Primary Key）。数据表中的主键可以是一个字段，也可以是多个字段的组合，表中主键的值具有唯一性且不能取空值。一张数据表中可以有多个关键字，但只能有一个主键，且主键一定属于关键字。

定义数据表的主键时，一般把取值简单的关键字作为主键。在设计数据表时，应慎用复合主键，复合主键会给维护数据表带来不便。数据库开发人员如果不能从已有的字段中选择一个主键，则可以向数据表中添加一个没有实际意义的字段作为该表的主键，例如，为数据表添加一个序号，通过序号确定每条记录，该序号可以设置为由程序自动生成，以免人工录入时出错。

三、任务完成

定义数据表时需要确定字段的数据类型，表中字段类型设计得是否恰当关系到数据库的存储空间，为每张数据表中的字段选择最合适的数据类型是数据库设计过程中的一个重要步骤，切忌为字段随意设置数据类型。为字段设置合适的数据类型还可以提升数据库的计算性能，节省数据检索时间，提高效率。MySQL 数据库管理系统中常用的数据类型包括数值类型、字符串类型和日期类型。

① 数值类型：分为整数类型和小数类型，小数类型分为精确小数类型和浮点数类型。如果字段值需要参加算术运算，则应将这个字段设为数值类型。

② 字符串类型：分为定长字符串类型和变长字符串类型，字符串类型的数据使用单引号括起来，其字段值不能参加算术运算。

③ 日期类型：分为日期类型和日期时间类型，日期类型的数据是一个符合 "YYYY-MM-DD" 格式的字符串。日期时间类型的数据符合 "YYYY-MM-DD hh:mm:ss" 格式。日期类型的数据可以参加简单的加、减法运算。图 1-8 列出了 MySQL 数据库的数据类型。

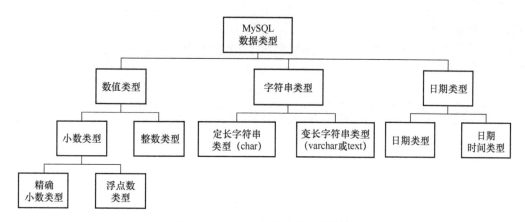

图 1-8　MySQL 数据库的数据类型

　　数据库完整性（Database Integrity）是指数据库中数据在逻辑上的一致性、正确性、有效性和相容性。数据库完整性由各种各样的完整性约束（Constraint）来保证，因此可以说数据库完整性设计就是数据库完整性约束的设计。MySQL 数据库定义的约束条件主要有主键（Primary Key）约束、外键（Foreign Key）约束、唯一性（Unique）约束、默认值（Default）约束、非空（Not Null）约束、检查（Check）约束 6 种。

　　① 主键能够唯一标识表中的每条记录。一张表只能有一个主键，但可以有多个候选键。主键常常与外键构成参照完整性约束，防止出现数据不一致的问题。主键可以保证记录的唯一性和主键域非空。数据库管理系统对于主键自动生成唯一索引，所以主键也是一个特殊的索引。如学生表中有学号和姓名，姓名可能有重复的，但学号却是唯一的，要从学生表中搜索一条记录，就只能根据学号去查找，才能找出唯一的这名学生，这就是主键。可以将主键设为自动增长的类型，例如：

```
id INT（10）NOT NULL PRIMARY KEY AUTO_INCREMENT
```

　　② 外键是用于建立和加强两张数据表之间的链接的一个或多个字段。外键约束主要用来维护两张表之间数据的一致性。一张数据表的外键就是另一张数据表的主键，外键将两表联系起来。一般情况下，要删除一张表中的主键必须首先要确保其他表中的没有相同记录值的外键（即该表中的主键没有一个外键和它相关联）。如果表 A 的一个字段 a 对应于表 B 的主键 b，则字段 a 称为表 A 的外键，此时存储在表 A 中字段 a 的值，要么是 NULL，要么是表 B 中主键 b 的值。

　　③ 唯一性约束是对数据表的字段强制执行唯一值，例如，学生表中学生的学号必须具有唯一性，学生的姓名可以不具有唯一性，也就是允许一张数据表中有相同名字的学生。但为了区分学生实体集间的个体信息，可以将学生的学号设置为唯一性约束，通过唯一性约束来区分相同姓名的学生。MySQL 数据库可以用唯一性约束对字段进行约束，它定义了限制字段或一组字段中值的唯一规则。若要限制数据表中的字段值不重复，则可为该字段添加唯一性约束。与主键约束不同，一张表中可以存在多个唯一性约束，并且满足唯一性约束的字段值可以为 NULL。

　　④ 默认值约束。数据表在创建字段时可以指定默认值，当插入数据且未主动输入值时，为其自动添加默认值，默认值与 NOT NULL 配合使用。例如，学生表中学生的性别有男或女两种情况，但机电专业的男学生比较多，则可以将该性别字段设为默认值 "男"，在录入学生性别信息时，如果没有录入数据，则系统自动设置其性别信息为 "男"。

　　⑤ 非空约束限制数据表中的字段值不能取 NULL 值，例如，学生表中学生的姓名不能为空，则可为该字段添加非空约束。

　　⑥ 检查约束用于检查字段的输入值是否满足指定的条件。输入（或者修改）数据时，若字段值不符合检查约束指定的条件，则数据不能写入该字段中。如在学生表中将学生的年龄字段约束为在 15～35 岁，设为检查约束后，如果录入学生的年龄超过 35 岁或低于 15 岁，则该条记录是一条无

效记录，不能录入数据表中。

经过分析，根据学生竞赛项目管理系统中数据库的实体集，可设计以下几张具体的数据表，如表 1-2 至表 1-9 所示。

表 1-2 student 表

字 段	数据类型	约 束	备 注
st_id	INT	PRIMARY KEY	编号
st_no	CHAR(10)	NOT NULL，UNIQUE	学号
st_password	CHAR(12)	NOT NULL	密码
st_name	VARCHAR(20)	NOT NULL	姓名
st_sex	CHAR(2)	DEFAULT '男'	性别
class_id	INT		班级号
dp_id	CHAR(10)		院系编号

表 1-3 teacher 表

字 段	数据类型	约 束	备 注
tc_id	INT	PRIMARY KEY	教师编号
tc_no	CHAR(10)	NOT NULL UNIQUE	教师工号
tc_password	CHAR(12)	NOT NULL	密码
tc_name	VARCHAR(20)	NOT NULL	姓名
tc_sex	CHAR(2)	DEFAULT '男'	性别
dp_id	CHAR(10)		院系编号
tc_info	TEXT		简介

表 1-4 project 表

字 段	数据类型	约 束	备 注
pr_id	INT	PRIMARY KEY	项目号
pr_name	VARCHAR(50)	NOT NULL	项目名称
dp_id	CHAR(10)		学院编号
pr_address	VARCHAR(50)		比赛地点
pr_time	DATETIME		比赛时间
pr_trainaddress	VARCHAR(50)		培训地点
pr_starttime	DATETIME		培训开始时间
pr_endtime	DATETIME		培训结束时间
pr_days	INT		培训天数
pr_info	TEXT		
pr_active	CHAR(2)		是否启用

表 1-5 class 表

字 段	数据类型	约 束	备 注
class_id	INT	PRIMARY KEY	编号
class_no	CHAR(10)	NOT NULL	班级号
class_name	CHAR(20)	NOT NULL	专业名
class_grade	CHAR(10)	NOT NULL	年级
dp_id	CHAR(10)		院系编号

表 1-6　department 表

字　段	数据类型	约　束	备　注
dp_id	INT	PRIMARY KEY	院系编号
dp_name	CHAR(16)	NOT NULL	院系名
dp_phone	CHAR(11)		电话
dp_info	TEXT		信息

表 1-7　st_project 表

字　段	数据类型	约　束	备　注
st_pid	INT	PRIMARY KEY	AUTO_INCREMENT
st_id	INT		
pr_id	INT		
tc_id	INT		
st_score	INT		
st_aw_level	INT		

表 1-8　tc_project 表

字　段	数据类型	约　束	备　注
tc_pid	INT	PRIMARY KEY	AUTO_INCREMENT
tc_id	INT		
pr_id	INT		
dp_id	INT		
st_id	INT		

表 1-9　admin 表

字　段	数据类型	约　束	备　注
ad_id	INT	PRIMARY KEY	AUTO_INCREMENT
ad_name	VARCHAR(20)	NOT NULL	
ad_password	CHAR(12)	NOT NULL	
ad_type	CHAR(12)	NOT NULL	

设计数据库时，需要制定一套数据表设计的质量标准，根据质量标准检测数据表的质量，减少数据库中数据的冗余。一套质量好的数据表应该尽量减少数据冗余，避免数据经常发生变化。冗余的数据需要额外维护，并且容易导致数据不一致、插入异常、删除异常等问题。

范式（Normal Form）是英国人 E.F.Codd 在 20 世纪 70 年代提出关系数据库模型后总结出来的。范式是关系数据库理论的基础，也是我们在设计数据库结构过程中所要遵循的规则和指导方法。

第一范式（1NF）：第一范式是指数据表中的每个字段都是不可分割的基本数据项，同一字段中不能有多个值，即实体中的某个属性不能有多个值或者不能有重复的属性。如果一张数据表中的同类字段不重复出现，则该表满足第一范式；如果数据表不满足第一范式，则对数据表的操作将会出现插入异常、删除异常、修改复杂等问题。

例如，在表 1-10 所示的学生表中包括学号、姓名、性别、专业、联系方式字段，但在实际生活中，一个人的联系方式有多种，则这个联系方式字段在数据表结构设计时就没有达到第一范式。要符合第一范式，需把联系方式拆分成具体的联系方式字段，如手机、E-mail、QQ 等。

表 1-10 学生表

学　号	姓　名	性　别	专　业	联系方式
1601160301	张三	男	计算机网络技术	手机：13800737300
1601160302	李四	女	计算机网络技术	QQ：45671234
1601160303	王五	男	计算机网络技术	E-mail：78652@qq.com
160116030	刘六	女	计算机网络技术	手机：13800737300
1601160303	赵七	男	计算机网络技术	QQ：456134

第二范式（2NF）：第二范式是在第一范式的基础上建立起来的，即满足第二范式必须先满足第一范式。第二范式要求数据表中的每个实例（或行）必须可以被唯一地区分。一张数据表在满足第一范式的基础上，如果每个"非关键字"字段仅仅函数依赖于主键，那么该数据表满足第二范式。第二范式首先满足第一范式，另外包含两部分内容，一是表中必须有一个主键；二是没有包含在主键中的字段必须完全依赖于主键，而不能只依赖于主键的一部分。

例如，组合关键字（学号，竞赛项目号），由于非主属性"竞赛项目名称"仅依赖于"竞赛项目号"，对关键字（学号，竞赛项目号）只是部分依赖，而不是完全依赖，因此会导致数据冗余及更新异常等问题。解决办法是将其分为两张表：学生表（学号，竞赛项目号，成绩）和竞赛项目表（竞赛项目号，竞赛项目名称），两张表通过学生表中的外关键字——竞赛项目号联系，在需要时进行连接。

函数依赖：在一张数据表内，两个字段值之间的一一对应关系称为函数依赖，如果字段 A 的值能够唯一确定字段 B 的值，那么称字段 B 函数依赖于字段 A，记为 A→B。

第三范式（3NF）：一张数据表满足第二范式的要求，并且不存在"非关键字"字段函数依赖于任何其他"非关键字"字段，那么该数据表满足第三范式。满足第三范式的数据表不会出现插入异常、删除异常、修改复杂等现象。

例如，数据表 student（st_no，st_name，dp_id，dp_name，location）中，关键字 st_no 决定各个属性。由于是单个关键字，没有部分依赖的问题，所以其一定满足第二范式。但此表存在大量的冗余，有关学生的几个属性 dp_id，dp_name，location 将重复存储，在插入、删除和修改时也将产生类似重复的情况，原因是表中存在传递依赖。即 st_no→dp_id，而 dp_id→st_no 却不存在，dp_id→location，因此关键字 st_no 对 location 的函数决定是通过传递依赖 dp_id→location 实现的。也就是说，st_no 不直接决定非主属性 location。解决方法：将原数据表分为两张表 student（st_no，st_name，dp_name）和 department（dp_id，dp_name，location）。

第二范式和第三范式的概念很容易混淆，区分它们的关键点在于：

第二范式：非主键列是完全依赖于主键，还是依赖于主键的一部分；

第三范式：非主键列是直接依赖于主键，还是直接依赖于非主键。

四、任务总结

本次任务是根据学生竞赛项目管理系统 E-R 图来设计具体的数据表。对数据表中各字段的数据类型进行说明。字段类型值设置过大会导致数据库存储容量庞大，浪费存储空间，字段类型值设置过小会导致数据表中的字段值存储不进去。设计数据表时，需要遵循一定的质量规范及设计原则。范式即数据库设计范式，是符合某一种级别的关系模式的集合。构造关系数据库时必须遵循范式。关系数据库中的关系必须满足一定的要求，即满足不同的范式。特别强调设计过程中要遵循第一范式、第二范式、第三范式。

任务三 使用 ER/Studio 设计学生竞赛项目管理系统数据库

ER/Studio 是由美国 Embarcadero Technologies 公司开发的一种帮助设计数据库中各种数据结构和逻辑关系的可视化工具，并可用于特定平台的物理数据库的设计和构造。其强大和多层次的数据库设计功能，不仅大大简化了数据库设计的烦琐工作，提高了工作效率，缩短了项目开发时间，还让初学者能够更好地了解数据库理论知识和数据库设计过程。ER/Studio 是一套模型驱动的数据结构管理和数据库设计产品，帮助企业发现、重用和文档化数据资产。通过可回归的数据库支持，使数据结构具备完全分析已有数据源的能力，并根据业务需求设计和实现高质量的数据库结构。易读的可视化数据结构加强了业务分析人员和应用开发人员之间沟通。ER/Studio Enterprise 还能够使企业和任务团队通过中心资源库展开协作。

一、任务描述

使用 ER/Studio 数据库工具软件设计学生竞赛项目管理系统数据库。

二、任务分析

首先，从 https://www.embarcadero.com 网站上下载 ER/Studio 数据库工具的软件包，并进行安装。安装完成后启动该软件。

1. 建立模型

进入 ER/Studio 系统，单击 File→New 命令（或者按 Ctrl+N 组合键），选择 Draw a new date model 选项，如图 1-9、图 1-10 所示。

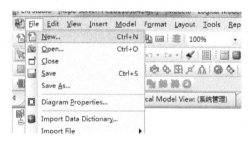

图 1-9 新建模型

图 1-10 选择模型类型

2. 创建实体

单击实体对象工具栏中的 ▣ 按钮，创建实体及实体的属性，如图 1-11 所示，创建的实体对象如图 1-12 所示。

图 1-11 实体对象工具栏

然后修改实体名称（可以直接修改也可以按 Tab 键添加内容），双击创建的实体，即可对实体属性进行修改，Entity Editor 窗口界面如图 1-13 所示。

图 1-12 实体对象

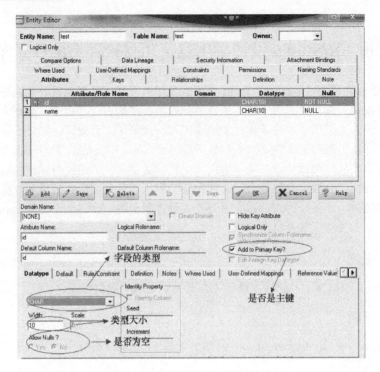

图 1-13　实体属性的添加与修改

在 Entity Editor 窗口中可以继续添加实体的其他属性，并为实体属性选择合适的数据类型，依次创建 name、accounted、createdate（非主键）属性，创建完成后的效果如图 1-14 所示。

3．创建关系

数据库中，实体与实体之间有一定的关系，要实现实体间的关系，可以按照相关关系建立关联。如图 1-15 所示，将实体 entity 与图 1-14 中的实体 test 建立关联关系，先单击工具栏中的 按钮创建关联关系，再将两者连接起来，先单击主表，再单击关联表，这样，关联关系就建立起来了，如图 1-16 所示。

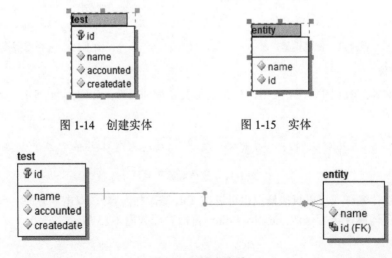

图 1-14　创建实体　　　　图 1-15　实体

图 1-16　创建关系

图 1-16 显示出了两个实体之间的关联关系，其中，实体 test 中的 id 属性为主键，实体 entity 将实体 test 中的 id 属性作为外键，建立了参照约束关系。即实体 entity 中的 id 字段值必须来自实体 test 中的 id 字段值。

4．创建物理模型

单击 Model→Generate Physical Model 命令，如图 1-17 所示，弹出如图 1-18 所示的对话框，单击 Yes 按钮，得到物理模型。

图 1-17　Model 菜单

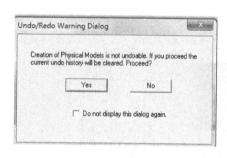

图 1-18　创建物理模型提示

接着，填写物理模型的名称及数据库类型，如图 1-19 所示。创建完成后，在左边窗口中将显示物理模型信息，如图 1-20 所示。单击保存按钮，生成数据模型，如图 1-21 所示。

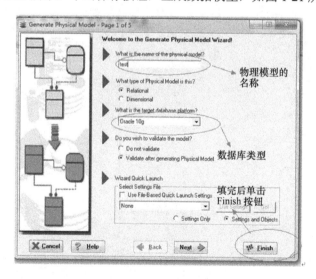

图 1-19　创建物理模型

5．导出物理模型生成 sql 文件

选中物理模型，单击鼠标右键，在弹出的菜单中，选择 Generate Database 命令，如图 1-22 所示。在弹出的窗口中选择路径，生成 sql 文件，如图 1-23 所示。

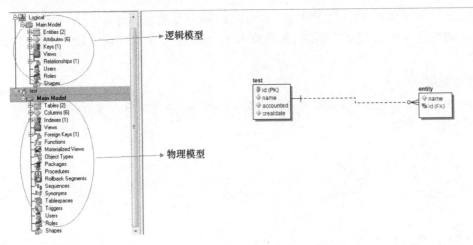

图 1-20 物理模型信息

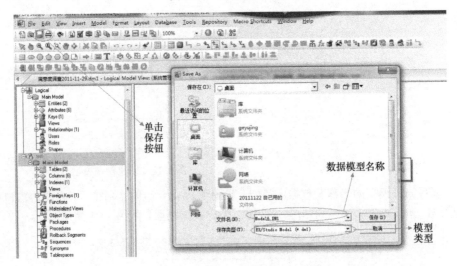

图 1-21 生成数据模型

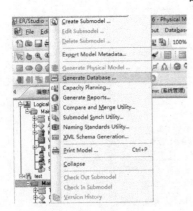

图 1-22 生成文件

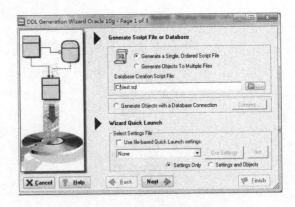

图 1-23 生成 sql 文件

三、任务完成

启动 ER/Studio 软件，如图 1-24 所示。利用该软件，根据学生竞赛项目管理系统的需求分析，设计其实体集、关系，以及实体集与实体集之间的关联，并设计学生竞赛项目管理系统数据库。

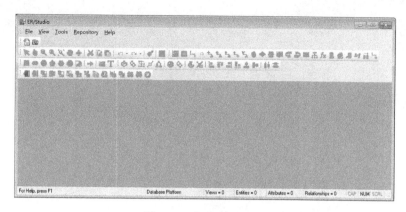

图 1-24　启动 ER/Studio

首先,创建新模型,模型类型选择 Draw a new data mode 选项,然后输入模型名称 competition。

打开模型 competition,选择逻辑模型 Logical 的 Main Model 文件夹下的 Entities,创建 competition 模型中的各个实体集,如图 1-25 所示。

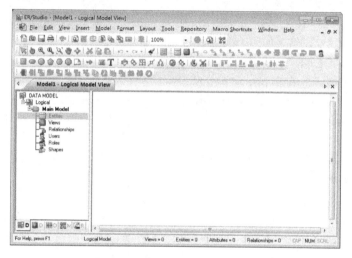

图 1-25　创建实体集

创建实体集 student,如图 1-26 所示,分别输入 Entity Name、Table Name,然后单击 Add 按钮添加其属性。

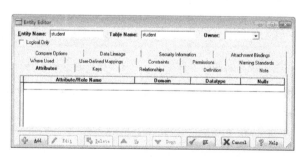

图 1-26　创建实体集 student

在如图 1-27 所示的 Entity Editor 窗口中,添加 student 实体的各个属性,分别输入 Attribute Name(属性名称)、Default_Column Name(列名称),设置 Datatype(数据类型),实体各属性创建完成后,单击 Save 按钮进行保存。

图 1-27 添加实体属性

按上述步骤,创建学生竞赛项目管理系统数据库中的各个实体。

① 依据 student (st_id, st_no, st_password, st_name, st_sex, class_id, dp_id), 创建 student 实体,并为实体添加属性,结果如图 1-28 所示。

② 依据 teacher (tc_id, tc_no, tc_password, tc_name, tc_sex, dp_id, tc_info), 创建 teacher 实体,并为实体添加属性,结果如图 1-29 所示。

③ 依据 project (pr_id, pr_name, dp_id, pr_address, pr_time, pr_trainaddress, pr_starttime, pr_endtime, pr_days, pr_info, pr_active), 创建 project 实体,并为实体添加属性,结果如图 1-30 所示。

④ 依据 class (class_id, class_no, class_name, class_grade, dp_id), 创建 class 实体,并为实体添加属性,结果如图 1-31 所示。

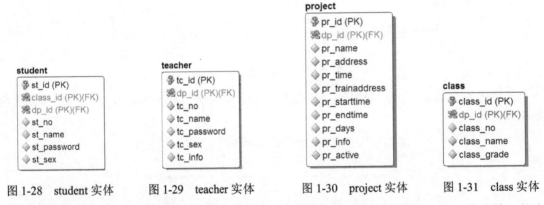

图 1-28 student 实体　　图 1-29 teacher 实体　　图 1-30 project 实体　　图 1-31 class 实体

⑤ 依据 department (dp_id, dp_name, dp_phone, dp_info), 创建 department 实体,并为实体添加属性,结果如图 1-32 所示。

⑥ 依据 st_project (st_pid, st_id, pr_id, tc_id, st_score, st_aw_level), 创建 st_project 实体,并为实体添加属性,结果如图 1-33 所示。

⑦ 依据 tc_project (tc_pid, tc_id, pr_id, st_id, dp_id), 创建 tc_project 实体,并为实体添加属性,结果如图 1-34 所示。

⑧ 依据 admin (ad_id, ad_name, ad_password, ad_type), 创建 admin 实体,并为实体添加属性,结果如图 1-35 所示。

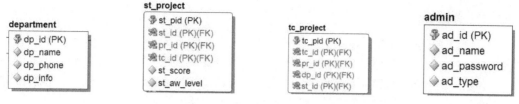

图 1-32　department 实体　　图 1-33　st_project 实体　　图 1-34　tc_project 实体　　图 1-35　admin 实体

在 ER/Studio 工具软件中，根据需求分析结果，可明确各实体间的关系，各实体间的关系有："Identifying Relationship""Non-Identifying, Mandatory Relationship""Non-Identifying, Optional Relationship""One-to-one Relationship""Non-specific Relationship" 5 种。其中，Identifyfing Relationship 是确定关系，是一种一定存在的关系。子实体中必须有充当外键的属性，而且这个外键必须是父实体的主键，这种关系也最终产生一个组合主键来决定父实体。Non-Identifying Optional Relationship 是非确定关系，对于子实体非主键属性而言会产生一个父实体主键，因为这个关系可选，所以不要求外键在子实体中。但如果有外键存在于子实体中的话，那么在父实体的主键中就一定要能找到该外键。Non-Identifying, Mandatory Relationship，这种关系一方面针对子实体的非主键属性会产生父实体的主键；另一方面要求子实体必须有外键，而且此外键一定可以在父实体的主键中找到。Non-Specific Relationship，这种关系主要用于实现多对多联系。因为现在多对多联系的逻辑关系还没有被很好地解决，所以在这种关系下不能产生任何的外键。这种关系在数据库模型中很少使用，若要将数据库模型标准化，最好在实体间将此关系去除。在确定关系中，父实体中的外键也充当主键，和父实体本身的主键共同决定父实体身份；在非确定关系中，父实体中的外键就是纯粹的外键，只有父实体本身的主键决定父实体的身份。

经过分析，最终设计得出学生竞赛项目管理系统数据库实体之间的关系如图 1-36 所示。

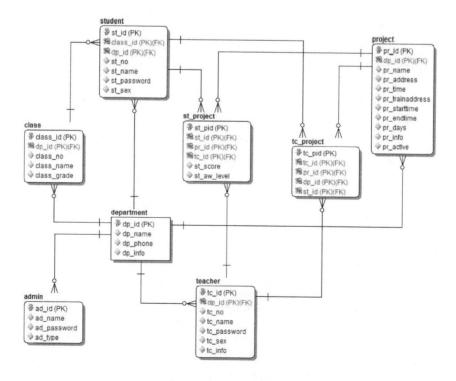

图 1-36　学生竞赛项目管理系统数据库实体之间的关系

四、任务总结

本任务通过 ER/Studio 软件设计学生竞赛项目管理系统数据库，根据 E-R 模型创建实体，为实体添加属性，并选择实体属性的数据类型，再根据实体与实体之间的关系来建立关联关系，根据建立的关系创建学生竞赛项目管理系统数据库的实体 E-R 图，保存为物理模型，通过选择物理模型中的 Generate Database 选项生成 sql 文件。ER/Studio 软件的主要操作如下。

① 建立模型。
② 创建实体。
③ 创建关系。
④ 创建物理模型。
⑤ 生成 sql 文件。

实践训练

【实践任务 1：仓库管理】
（1）分析下面实体的属性，并确定各属性的数据类型。
仓库：仓库号、面积、电话号码。
零件：零件号、名称、规格、单价、描述。
供应商：供应商号、姓名、地址、电话号码、账号。
项目：项目号、预算、开工日期。
职工：职工号、姓名、年龄、职称。
（2）找出上述实体之间的联系。
（3）确定联系的映射基数以及是否具有属性。
① 一个仓库可以存放多种零件，一种零件可以存放在多个仓库中。仓库和零件具有多对多联系。用库存量来表示某种零件在某个仓库中的数量，此联系的属性是库存量。
② 一个仓库有多名职工当仓库保管员，一名职工只能在一个仓库工作，仓库和职工之间是一对多联系。职工实体具有一对多联系。
③ 职工之间具有领导和被领导关系，即仓库主任领导若干保管员。
④ 供应商、项目和零件三者之间具有多对多联系，此联系的属性是供应量。
（4）分析仓库管理 E-R 图，如图 1-37 所示。

【实践任务 2：学生选课】
（1）分析下面实体的属性，并确定各属性的数据类型。
学生：学号、姓名、性别、系别、出生日期、入学日期、奖学金。
课程：课程号、课程名、教师、学分、类别。
（2）找出上述实体之间的联系。
（3）确定联系的映射基数以及是否具有属性。
学生与课程之间具有选课的联系。一名学生可以选修多门课程，一门课程可以被多名学生选修，是多对多联系。此联系的属性是成绩。
（4）分析学生选课 E-R 图，如图 1-38 所示。

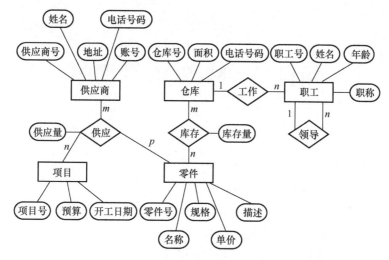

图 1-37 仓库管理 E-R 图

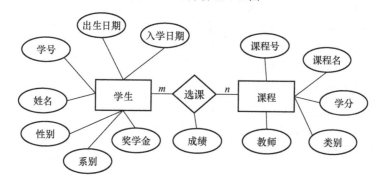

图 1-38 学生选课 E-R 图

【实践任务 3：绘制 E-R 图】

使用 ER/Studio 工具软件，绘制"学生竞赛项目管理系统""仓库供应系统""学生选课系统"的 E-R 图。

项目二　MySQL 数据库

学习目标	
项目任务	任务一　MySQL 数据库的下载与安装 任务二　MySQL 服务器的配置 任务三　MySQL 服务器开启与数据库登录
知识目标	（1）了解 MySQL 数据库的特点、优势 （2）了解 MySQL 数据库的相关概念
能力目标	（1）能够安装 MySQL （2）能够配置 MySQL 服务器 （3）能够启动、停止服务器 （4）能够登录数据库 （5）能够设置系统环境变量
素质目标	（1）形成勤奋好问、好学上进的学习态度 （2）养成务实解决问题的习惯 （3）培养团队协作精神

任务一　MySQL 数据库的下载与安装

一、任务描述

下载 MySQL 5.7，并在个人计算机上安装。

二、任务分析

MySQL 是一个关系数据库管理系统，是建立数据库驱动和动态网站的最佳数据库之一，能够支持 Linux、Windows NT、UNIX 等多种平台。对于初学者来说，Windows 操作系统更易使用，本书选用 Windows 7 操作系统作为开发平台；为了便于安装，本书使用图形化的安装包，通过详细的安装向导一步一步地完成。

根据收费与否，MySQL 数据库分为 MySQL Community Server（社区版）和 MySQL Enterprise Edition（商业版）两种，使用商业版需要交付维护费用，但运行更加稳定，社区版是完全免费的产品。MySQL 发展到现在，已经是比较成熟的产品了，商业版和社区版在性能方面相差不大，为方便广大读者学习，本书以 MySQL Community Server 作为安装版，读者可以自行从 MySQL 官网（https://www.mysql.com）上下载。

三、任务完成

1. 下载 MySQL 安装文件

下载 MySQL 安装文件的具体操作步骤如下。

① 打开网页浏览器，在地址栏中输入网址：https://www.mysql.com，单击 DOWNLOADS 按钮，进入下载页面（https://www.mysql.com/downloads/），选择 Community 选项，如图 2-1 所示，在 MySQL Community Server（GPL）区域单击 DOWNLOAD 按钮。

图 2-1　MySQL 下载

② 在打开的页面中，根据自己的操作系统选择 32 位或 64 位的图形化安装包，如图 2-2 所示，本书选择 32 位，然后在 Recommended Download 区域，单击 Go to Download Page 按钮。

图 2-2　选择安装包

③ 在打开的页面中，选择"mysql-installer-community-5.7.21.0.msi"文件，并单击右侧的 Download 按钮，如图 2-3 所示。

图 2-3　选择合适的 MySQL 版本

④ 在打开的页面中，单击下方的"No thanks, just start my download"超链接，跳过注册步骤直接下载，如图 2-4 所示。也可以单击 Login 按钮，进入用户登录页面，如图 2-5 所示，输入用户名和密码后进行下载；若没有用户名和密码，可通过单击"创建账户"按钮注册后再下载，下载页面如图 2-6 所示。

图 2-4 MySQL 注册

图 2-5 用户登录

注：在用户登录页面中，使用"帐户"的写法，根据出版规范，实际上应为"账户"，本书正文中采用"账户"的写法。

图 2-6 开始下载

2. 安装 MySQL 5.7

MySQL 图形化安装包下载完成后，找到下载文件，即可进行安装，具体操作步骤如下。

① 双击"mysql-installer-community-5.7.21.0.msi"文件，若出现如图 2-7 所示的提示对话框（提示需要安装.Net 环境），则需要下载 Microsoft.NET Framework 的对应版本并进行安装。安装完成后，再次双击"mysql-installer-community-5.7.21.0.msi"文件。

图 2-7　提示错误

② 弹出 License Agreement（用户许可协议）窗口，如图 2-8 所示，勾选"I Accept the license terms"，单击 Next 按钮。

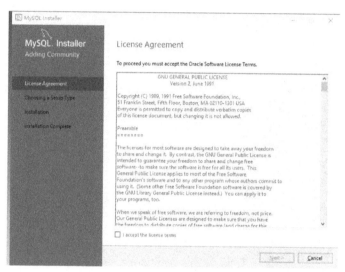

图 2-8　用户许可协议

③ 弹出 Choosing a Setup Type（选择安装类型）窗口，如图 2-9 所示，安装类型分为 Developer Default（默认安装类型）、Server only（仅作为服务器）、Client only（仅作为客户端）、Full（完全安装类型）和 Custom（用户自定义安装类型）。

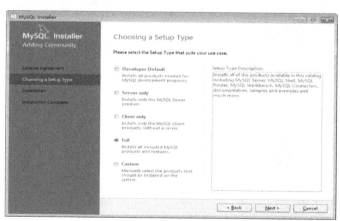

图 2-9　选择安装类型

- Developer Default：安装 MySQL 服务器及开发 MySQL 应用所需的工具。工具包括开发和管理服务器的 GUI 工作台、访问操作数据的 Excel 插件、与 Visual Studio 集成开发的插件、通过 NET/Java/C/C++/OBDC 等访问数据的连接器、实例、教程、开发文档等。

- Server only：仅安装 MySQL 服务器，适用于仅部署 MySQL 服务器的情况。
- Client only：仅安装客户端，适用于基于已存在的 MySQL 服务器进行 MySQL 应用开发的情况。
- Full：安装 MySQL 的所有可用组件。
- Custom：自定义需要安装的组件。

为方便初学者了解整个安装过程，本书选择 Full 安装类型，单击 Next 按钮。

④ 弹出 Check Requirements（安装条件检查）窗口，如图 2-10 所示，单击 Execute 按钮。若遇到一些需要安装的程序，选择直接安装或手动安装即可，完成后单击 Next 按钮。

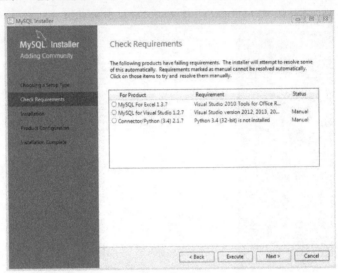

图 2-10　安装条件检查

⑤ 弹出 Installation（程序安装）窗口，开始安装程序，所有 Product 的 Status（状态）显示为 Complete（完成）后，安装向导过程中所做的设置将在安装完成之后生效，如图 2-11 所示。

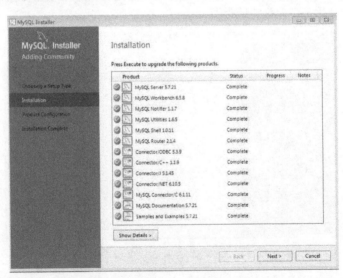

图 2-11　程序安装

四、任务总结

本任务主要介绍在 Windows 7 系统平台下下载和安装 MySQL 的方法。下载 MySQL 时，要根据计算机操作系统的位数，选择合适的 MySQL 安装版本。安装过程比较简单，但操作过程中可能还是会出现一些问题，读者需要多实践、多总结。安装过程中若遇到错误或其他障碍，应该认真阅读弹出的窗口内容，根据提示信息解决问题，或借助搜索引擎、论坛寻求解决方法。

若重新安装 MySQL 失败，大多是因为删除 MySQL 时不能自动删除相关的信息，需要删除 C 盘 Program Files 文件夹下面的 MySQL 安装目录，同时删除 MySQL 的 data 目录，该目录一般为隐藏目录，其位置为"C:\Documents and Settings\All Users\Application Data\MySQL"，删除后重新安装即可。

任务二　MySQL 服务器的配置

一、任务描述

安装完 MySQL 5.7 之后，需要对服务器进行配置，从而实现在本机或另外一台计算机的客户端中登录和管理 MySQL 服务器。

二、任务分析

MySQL 服务器是一个安装有 MySQL 服务（也称 MySQL 数据库服务，正在运行的 MySQL 数据库服务是一个进程，注意区分）的主机系统。同一台 MySQL 服务器可以安装多个 MySQL 服务，也可以同时运行多个 MySQL 数据库。用户访问 MySQL 服务器的数据库时，需要登录一台主机，在该主机中开启 MySQL 客户端，输入正确的用户名、密码，建立一条 MySQL 客户端和 MySQL 服务器之间的"通信链路"。

在同一台 MySQL 服务器上能够运行多个 MySQL 数据库，这些数据库是通过端口号来区分的。启动和管理 MySQL 服务器必须具有权限，如管理员或者其他合法用户。远程客户端连接还需要使用网络协议，MySQL 5.7 程序安装完成后，需要对服务器进行配置，才能实现这些功能。

三、任务完成

本任务是在任务一的基础上，通过配置向导继续进行 MySQL 服务器的配置，具体步骤如下。

① 在任务一的最后一步中单击 Next 按钮，进入 Product Configuration（产品配置）窗口，开始配置，如图 2-12 所示，继续单击 Next 按钮。

② 弹出配置 MySQL Server 的 Type and Networking（类型和网络）窗口，如图 2-13 所示，这里出现了两种 MySQL Server 类型。

- Standalone MySQL Server/Classic MySQL Replication：独立的 MySQL 服务器/标准 MySQL 复制，这个类型的 MySQL 服务器是独立运行的。
- Sandbox InnoDB Cluster Setup（for testing only）：沙箱 InnoDB 集群设置（仅用于测试），这个选项是一组 MySQL 服务器，能够配置一个 MySQL 集群。在默认单主节点模式下，集群服务器具有一个读写主节点和多个只读辅节点。InnoDB Cluster 不提供 NDB Cluster 支持，也比较复杂。

本书选择第一种类型，如图 2-13 所示，单击 Next 按钮。

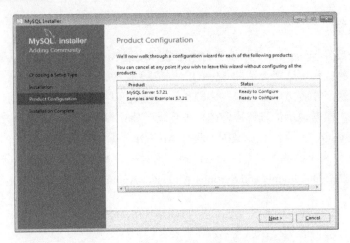

图 2-12　产品配置

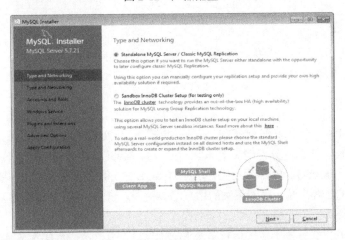

图 2-13　类型和网络（一）

③ 在新弹出的窗口中，如图 2-14 所示，对于小型应用或教学而言，Server Configuration Type（服务器配置类型）中的 Config Type 应首选 "Development Machine"，Connectivity 中的 Port Number（端口号）默认为 3306，也可以输入其他数字，但要保证该端口号不能被其他网络程序占用。其他选择默认设置，单击 Next 按钮。

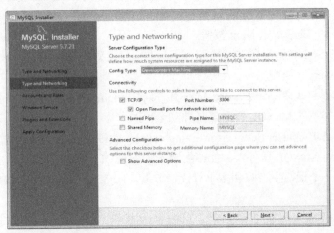

图 2-14　类型和网络（二）

④ 弹出 Accounts and Roles（账户和角色设置）窗口，如图 2-15 所示，在 MySQL Root Password 密码框中输入 root 账户（根账户）密码，此密码是登录密码（需要记住），在 Repeat Password 密码框中重复输入密码以便确认，MySQL User Accounts（非根）用户账户是用来添加其他管理员的，其目的是便于数据库权限的管理，为远程访问者提供安全账户。单击 Add User 按钮输入用户名、密码，单击 OK 按钮（若添加的管理员只允许在本地登录，则将 Host 改为 Local），返回之前的窗口，单击 Next 按钮。

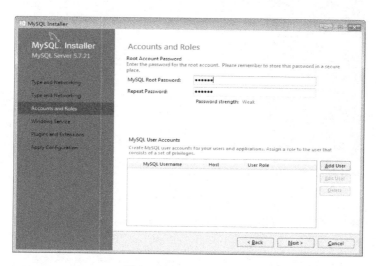

图 2-15　账户和角色设置

⑤ 弹出 Windows Service（设置服务器名称）窗口，如图 2-16 所示，在 Windows Service Name 框中输入服务器在 Windows 系统中的名称，这里选择默认名称 MySQL57，也可以另行指定。Start the MySQL Server at System Startup 复选框用来选择是否开机启动 MySQL 服务。运行 MySQL 需要是操作系统的合法用户，在 Run Windows Service as 区域下面，一般选择 Standard System Account（标准系统用户），而不选择 Custom User（自定义用户），继续单击 Next 按钮。

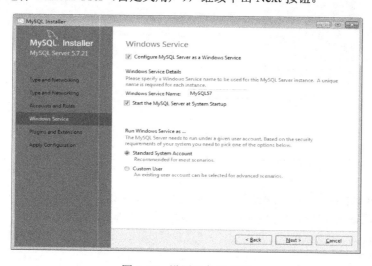

图 2-16　设置服务器名称

⑥ 在 Plugins and Extensions（插件与扩展）窗口中，采用默认设置，如图 2-17 所示，单击 Next 按钮。

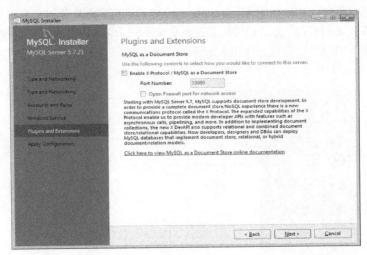

图 2-17　插件与扩展

⑦ 在 Apply Configuration（应用配置）窗口中，单击 Execute 按钮进行安装，如图 2-18 所示。安装完成后，单击 Finish 按钮。

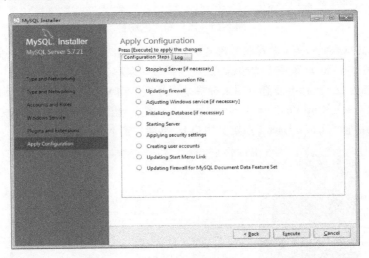

图 2-18　应用配置

⑧ 安装程序回到 Product Configuration（产品配置）窗口，此时可以看到 MySQL Server 安装成功的显示，如图 2-19 所示，继续下一步，单击 Next 按钮。

⑨ 弹出 Connect To Server（连接到服务器）窗口，如图 2-20 所示，输入 root 账户的密码，单击 Check 按钮，测试服务器是否连接成功，连接成功后，单击 Next 按钮。

⑩ 回到 Apply Configuration（应用配置）窗口，单击 Execute 按钮，配置成功后，如图 2-21 所示，单击 Finish 按钮。

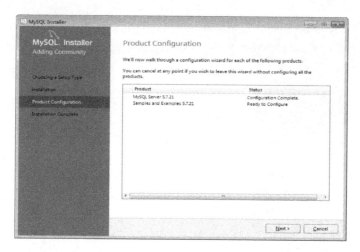

图 2-19　MySQL Server 安装成功

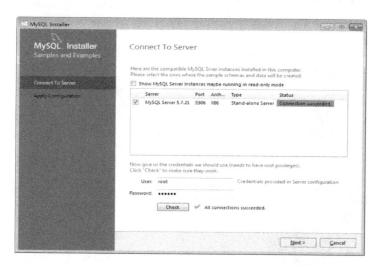

图 2-20　服务器连接测试

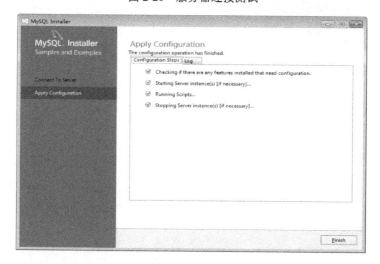

图 2-21　配置完成

⑪ 回到 Product Configuration（产品配置）窗口，如图 2-22 所示，单击 Next 按钮。

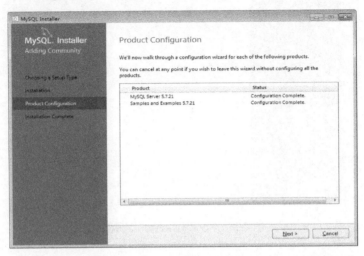

图 2-22　产品配置成功确认

⑫ 最后，在 Installation Complete 窗口中，提示产品安装成功，如图 2-23 所示，单击 Finish 按钮，此时 MySQL 数据库系统的配置完成。

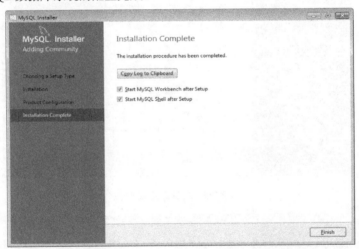

图 2-23　MySQL 安装成功

四、任务总结

本任务通过安装向导对 MySQL 服务器一步步地进行配置，比较简单，多数选项可以使用默认设置。在账户和角色设置窗口中，必须记住 root 账户的密码，因为登录服务器和数据库还原时都要用到它，若添加了其他管理员用户，用户名和密码也需记住。

服务器的配置不是一成不变的，安装配置后如果要更改，可以修改 MySQL 数据库中 my.ini 配置文件的参数，my.ini 文件存放在"C:\Program Data\MySQL\MySQL Server 5.7"目录下，修改这个文件可以达到更新配置的目的。

任务三 MySQL 服务器开启与数据库登录

一、任务描述

以管理员身份启动、停止服务器，并实现用本机或另外一台计算机的客户端登录 MySQL 数据库。

二、任务分析

对 MySQL 数据库进行管理，需要经过几个步骤。首先，数据库用户要开启 MySQL 客户端，MySQL 服务器接收到连接信息后，对连接信息进行身份认证，身份认证后建立 MySQL 客户端和 MySQL 服务器之间的通信链路，继而 MySQL 客户端才可以享受 MySQL 数据库中的信息服务。MySQL 客户端向 MySQL 服务器提供的连接信息包括如下内容。

① 合法的登录主机：解决源头从哪里来的问题。
② 合法的用户名和正确的密码：解决是谁的问题。
③ MySQL 服务器主机名或 IP 地址：解决到哪里去的问题。当 MySQL 客户端和 MySQL 服务器是同一台主机时，可以使用 localhost 或者 IP 地址 127.0.0.1。
④ 端口号：解决服务器中多个数据库系统的问题，如果 MySQL 服务器使用 3306 之外的端口号，则在连接 MySQL 服务器时，MySQL 客户端需要提供端口号。

基于以上分析，服务器的启动和停止必须进行管理员身份的核实，客户端用户登录 MySQL 数据库也必须核实其合法身份。

三、任务完成

1. 在图形界面下启动、停止 MySQL 服务器

在 Windows 系统下安装 MySQL 数据库，当安装向导进行到图 2-16 时，如果勾选了 Start the MySQL Server at System Startup 复选框，即选择了开机启动 MySQL 服务，那么 Windows 系统启动、停止时，MySQL 服务器自动跟着启动、停止。如果未勾选该复选框，则进入系统后可以通过图形页面启动、停止 MySQL 服务。具体步骤如下。

① 单击"开始"菜单，在菜单中找到"运行"命令，输入"services.msc"，按下 Enter 键（也可以单击"控制面板"→"管理工具"→"服务"命令），弹出"服务"窗口，在"服务"窗口中找到"MySQL57"服务项，状态显示"已启动"，如图 2-24 所示，表明该服务已经启动，单击鼠标右键，可实现停止、暂停、重启操作。

② 在弹出的"MySQL 57 的属性"对话框中，如图 2-25 所示，单击"启动"按钮，这时 MySQL 服务会显示"已启动"，刷新服务列表也会显示已启动状态。若要停止，则单击这个对话框中的"停止"按钮即可。

2. 在命令行下启动、停止 MySQL 服务器

命令行窗口可以是 cmd 命令提示符窗口，简称命令提示符窗口，也可以是 MySQL 自带的或其他第三方客户端程序，本书采用 cmd 命令提示符窗口，具体步骤如下。

① 在"开始"菜单中单击"附件"命令，右击"命令提示符"命令，在弹出的快捷菜单中单击"以管理员身份运行"命令（必须以管理员身份运行，否则输入的命令会因为权限不够出现拒绝访问等错误）。

② 在弹出的"管理员：命令提示符"窗口中输入"net start mysql57"（MySQL 安装时默认的服务器名称，用户安装时若更改了命名，应自行更换），按下 Enter 键，启动 MySQL 服务器。停止服

务器的命令为"net stop mysql57"。在命令提示符窗口中启动、停止 MySQL 服务器的操作如图 2-26 所示。

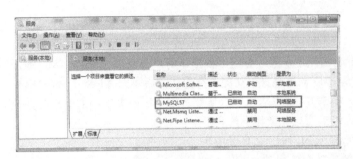

图 2-24　Windows 操作系统的"服务"窗口

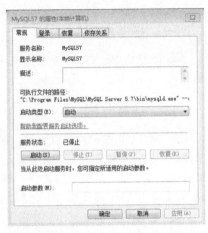

图 2-25　"MySQL 57 的属性"对话框

图 2-26　在命令提示符窗口中启动、停止 MySQL 服务器

3．登录 MySQL 数据库

MySQL 服务器启动后，在客户端可以登录 MySQL 数据库，在 Windows 系统中可通过两种方式登录 MySQL 数据库。

（1）命令行方式登录

打开命令提示符窗口，输入"mysql -hlocalhost -P3306 -uroot -p"或者"mysql -h127.0.0.1 -uroot -p"，其中 mysql 是登录命令，-h 后面的参数是服务器的主机名或 IP 地址，-P 后面是端口号，端口号是 3306 时可以省略，-u 后面是登录数据库的用户名，-p 后面是登录密码。按 Enter 键后，输入登录密码（以加密的形式显示），连接数据库，登录成功后命令提示符变成了"mysql>"，如图 2-27 所示。

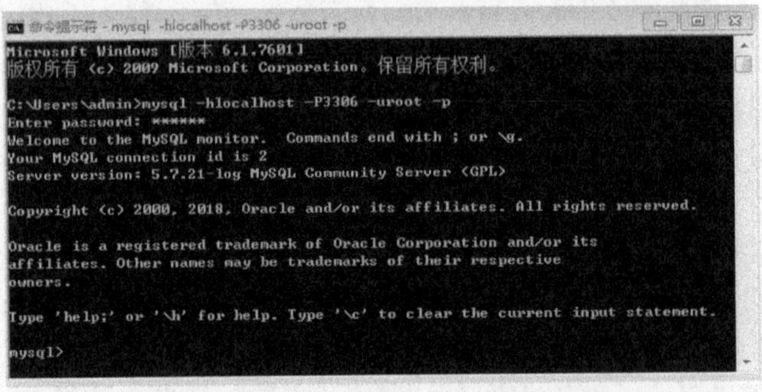

图 2-27　在命令提示符窗口中登录数据库

如果用户在使用 MySQL 命令登录 MySQL 数据库时，出现如图 2-28 所示的信息，则必须进入 MySQL 服务器的 bin 文件夹（例如，本书 MySQL 服务器的 bin 文件夹的位置为 C:\Program Files\MySQL\MySQL Server 5.7\bin\），显然，每次在命令提示符窗口中需要输入此路径比较麻烦，为了快速高效地输入 MySQL 的相关命令，可以手动配置 Windows 操作系统环境变量中的 Path 系统变量。具体步骤如下。

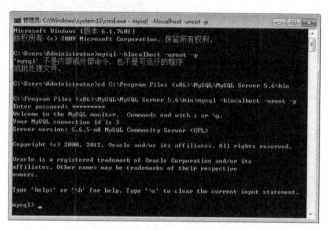

图 2-28　登录数据库出错信息提示

① 右击"计算机"图标，在弹出的快捷菜单中单击"属性"命令，在弹出的窗口中选择"高级系统设置"命令。

② 在打开的"系统属性"对话框中，单击"高级"选项卡，如图 2-29 所示。

③ 单击"环境变量"按钮，在"环境变量"对话框的"系统变量"区域中找到 Path 变量后双击，如图 2-30 所示。

图 2-29　"高级"选项卡　　　　　　图 2-30　"环境变量"对话框

④ 在"编辑系统变量"对话框中，将光标定位到"变量值"文本框中内容的最后，输入"；"，用来区分其他路径，然后把 MySQL 服务器的 bin 文件夹的位置（本书为 C:\Program Files\MySQL\MySQL Server 5.7\bin\）添加到"变量值"文本框中，如图 2-31 所示。

⑤ 添加成功后，单击"确定"按钮，系统变量配置完成。

（2）使用 MySQL Command Line Client 方式登录

单击"开始"菜单，在"程序"中找到 MySQL，然后在其菜单中单击 MySQL Server5.7，在下拉列表中单击 MySQL5.7 Command Line Client 选项，弹出如图 2-32 所示的窗口，输入正确的密码之后，就可以登录到 MySQL 数据库了。

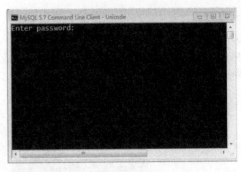

图 2-31 "编辑系统变量"对话框　　图 2-32 使用 MySQL Command Line Client 方式登录数据库

四、任务总结

本任务主要介绍在图形界面和命令行下启动、停止 MySQL 服务器的方法,并在服务器启动后通过命令行方式和 MySQL Command Line Client 方式登录数据库。

以命令行方式登录数据库时应该注意两点,一是权限问题,需要管理员身份;二是命令必须书写正确。登录 MySQL 数据库的两种方式都需要输入密码,基于安全考虑,建议以加密的方式显示,即按 Enter 键后再输入密码。在命令提示符窗口中登录数据库时可以配置 Path 环境变量,方便命令的执行。总体来说,本任务比较简单。

实践训练

【实践任务 1】

使用图形化管理工具 Workbench 管理 MySQL 数据库(MySQL 数据库安装完成后,会自动安装一个图形化工具 Workbench,用于创建并管理数据库)。

提示步骤:

① 单击"开始"菜单,在"程序"中找到 MySQL,然后在其菜单中单击"MySQL Workbench 6.3CE",弹出如图 2-33 所示的 MySQL Workbench 窗口。

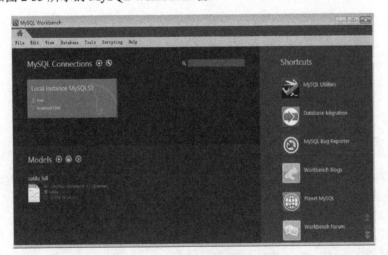

图 2-33　MySQL Workbench 窗口

② 单击 Local instance MySQL57 超链接,打开输入用户名和密码的对话框,在该对话框中输入 root 账户的密码(与安装时输入的密码一致),如图 2-34 所示。

图 2-34 输入用户名、密码

③ 单击 OK 按钮，打开如图 2-35 所示的 MySQL Workbench 数据库管理窗口，在该窗口中，可以进行创建/管理数据库、创建/管理数据表、编辑表数据、查询表数据、导入/导出数据表等操作。

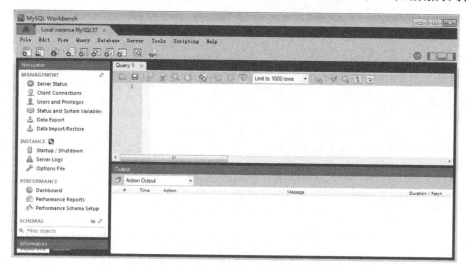

图 2-35 MySQL Workbench 数据库管理窗口

【实践任务 2】

如何查看 MySQL 的安装目录？

提示：进入 MySQL 命令行窗口，输入 select @@basedir。

【实践任务 3】

MySQL 中的 my.ini 文件有什么作用？如何找到该文件？

提示：my.ini 是 MySQL 数据库中常用的配置文件，修改这个文件可以达到更新配置的目的。在 C:\Program Data\MySQL\MySQL Server 5.7 目录下可找到该文件，如图 2-36 所示。ProgramData 是隐藏文件，可通过文件夹选项，在"查看"中取消"隐藏受保护的操作系统文件"的勾选，或者在 MySQL 命令行窗口中，输入 select @@datadir，复制 C:\Program Data\MySQL\MySQL Server 5.7 到计算机中进行查找。

图 2-36 my.ini 文件所在位置

项目三　数据库的管理

学习目标

项目任务
- 任务一　数据库服务器的连接与数据库的创建
- 任务二　数据库的备份与恢复
- 任务三　数据库的导入与导出

知识目标
- (1) 掌握数据库服务器连接的设置
- (2) 掌握 MySQL 数据库字符集的设置
- (3) 掌握数据库创建与管理的设置
- (4) 掌握数据库查看与选择的设置
- (5) 掌握数据库结构显示及数据库修改操作
- (6) 掌握数据库管理操作

能力目标
- (1) 培养学生连接数据库的能力
- (2) 培养学生创建数据库的能力
- (3) 培养学生修改数据库的能力
- (4) 培养学生备份/恢复数据库的能力

素质目标
- (1) 培养学生独立思考数据存储问题的能力
- (2) 培养学生对数据库的安全意识
- (3) 培养学生对数据进行备份的意识

任务一　数据库服务器的连接与数据库的创建

本任务通过客户端连接 MySQL 数据库服务器，在 MySQL 数据库服务器上创建学生竞赛项目管理系统数据库 competition。

一、任务描述

MySQL 数据库服务器安装完成后，用户可以通过 MySQL 客户端连接 MySQL 数据库服务器，也可以通过一些其他工具软件或者图形化的数据库客户端管理软件连接到 MySQL 数据库，然后创建数据库，再对数据库进行管理。

二、任务分析

MySQL 数据库客户端管理工具有很多种，可以使用图形化的管理工具，也可以使用基于命令界面的工具来连接数据库。本任务通过客户端管理工具连接数据库，然后对数据库中的对象进行各种操作。基于图形化的 MySQL 数据库客户端管理工具主要有 phpMyAdmin、MySQLDumper、Navicat、MySQL GUI Tools 等。

phpMyAdmin 是最常用的 MySQL 管理工具，是一个用 PHP 开发的基于 Web 方式架构在网站主机上的 MySQL 管理工具，支持中文，管理数据库非常方便。

MySQLDumper 是使用 PHP 开发的 MySQL 数据库备份恢复程序，解决了使用 PHP 进行数据库备份和恢复的问题，方便数据库的备份和恢复工作。

Navicat 是一个桌面版 MySQL 数据库管理和开发工具，类似微软 SQL Server 数据库的管理器，它使用图形化的用户界面，使用和管理更为轻松，易学易用。

MySQL GUI Tools 是 MySQL 官方提供的图形化管理工具，功能很强大，是一个具有可视化界面的 MySQL 数据库管理控制平台，提供了 MySQL Migration Toolkit 数据库迁移、MySQL Administrator 数据库管理器、MySQL Query Browser 数据查询，以及 MySQL Workbench 数据库设计等非常实用的图形化应用程序，方便数据库的管理和数据查询。

使用图形化管理工具可以提高数据库管理、备份、迁移、查询的效率。

MySQL 数据库客户端可以是 MySQL 数据库自带的 MySQL 命令窗口，即基于 cmd 命令提示符的窗口。通过命令窗口模式可以让读者在学习数据库技术时更好地理解关系型数据，对今后数据库的应用有极大的帮助作用。为了便于读者快速学习 MySQL 知识，本任务中均使用 cmd 命令提示符窗口对数据库进行操作，其他图形化的工具软件读者可自行下载安装，并连接 MySQL 数据库使用，本书不做任何介绍。启动 MySQL 数据库的 cmd 命令模式需要调用 mysql.exe 可执行文件，然后对数据库进行管理操作。

三、任务完成

MySQL 中的 SQL 语句是不区分大小写的，例如，SELECT 和 select 的作用是相同的。但是，许多开发人员习惯将 SQL 语句关键字使用大写，而数据字段名和表名使用小写，读者也应该养成一个良好的编程习惯，这样，写出来的代码更容易阅读和维护。

> 编者注：本书正文中的 SQL 语句关键字统一采用大写形式，而在实际操作中，大小写的形式均正确，不影响程序运行和结果。

1. 数据库的连接

首先，进入 cmd 命令模式，单击"开始"→"运行"命令，在运行输入框中输入 cmd 命令，如图 3-1 所示。

图 3-1 cmd 命令模式

然后将目录切换到 MySQL 安装目录，在 cmd 命令模式下输入 cd "MySQL 安装目录"，每名用户的 MySQL 数据库的具体安装目录有所不同，要视各用户安装 MySQL 的具体位置而定，如图 3-2 所示。

图 3-2 进入 MySQL 安装目录

进入该目录，可用 dir 命令查看文件，通过 mysql.exe 可执行文件可以连接到 MySQL 数据库服务器，如图 3-3 所示。

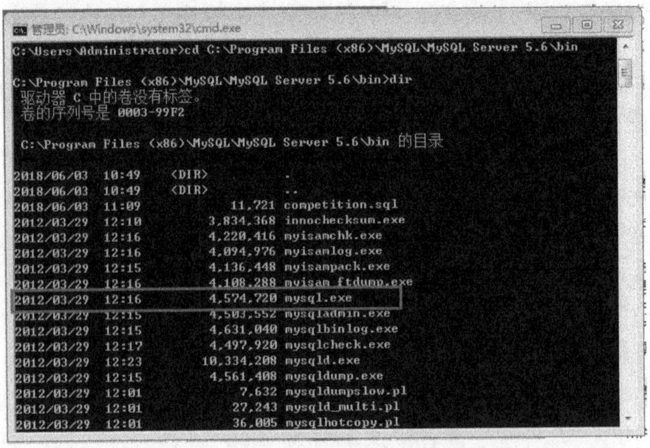

图 3-3 mysql.exe 可执行文件

在 cmd 命令提示符窗口中输入 mysql .exe —help 命令可以提供帮助信息，通过帮助信息可以掌握 MySQL 数据库的有关知识，如图 3-4 所示。

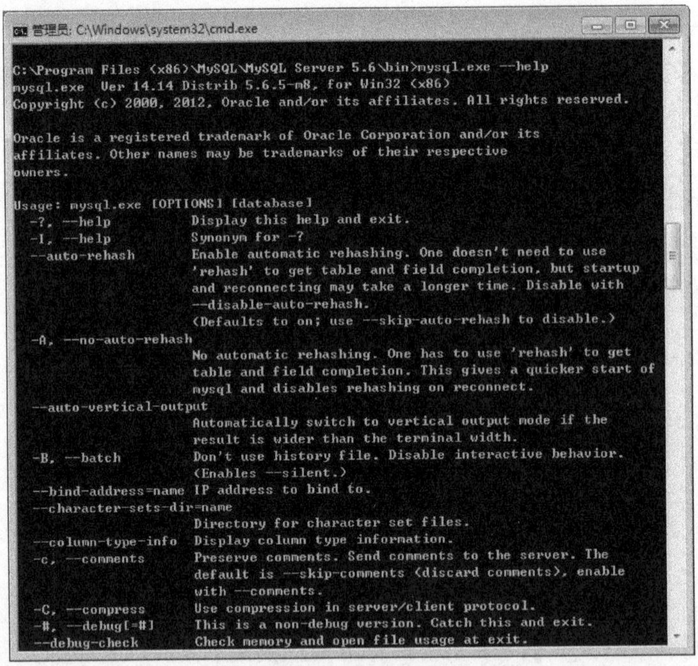

图 3-4 帮助信息

MySQL 数据库的连接：当 MySQL 客户端与 MySQL 服务器是同一台主机时，连接服务器时，在命令提示符窗口输入：

```
mysql -h 127.0.0.1 -P 3306 -u root -p
```

或者

```
mysql -h localhost -P 3306 -u root -p
```

然后按 Enter 键（注意，-p 后面紧跟该用户访问数据库服务器的密码），即可实现本地 MySQL 客户端与本地 MySQL 服务器之间的连接，如图 3-5、图 3-6 所示。

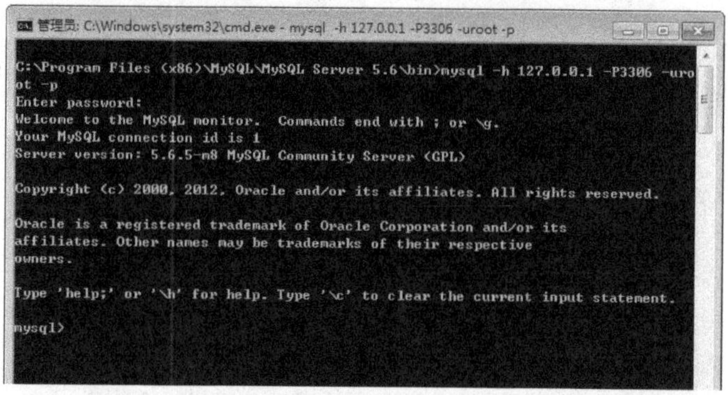

图 3-5　连接 MySQL 数据库（一）

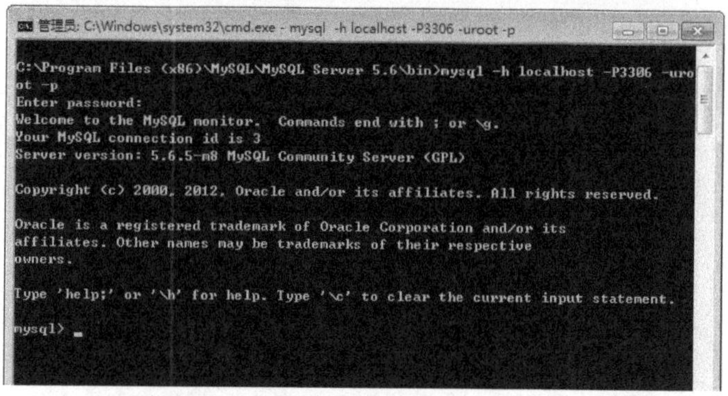

图 3-6　连接 MySQL 数据库（二）

mysql.exe 中各参数的含义如下：

① -h,--host=name 指定服务器 IP 或域名；

② -u,--user=name 指定连接的用户名；

③ -p,--password=password 指定连接密码；

④ -P,--port=3308 指定连接端口。

-h 连接指定的主机名或指定的主机 IP 地址，但连接指定主机名时，一定需要客户端能够解析到所连接服务器的主机，可以通过 ping 主机名进行测试，如有响应信息，则表示客户端能够解析到数据库服务器主机。-P 后面是连接服务器时所使用的端口号码，默认为 3306，-u 后面是连接服务器时所使用的用户名，-p 后面是连接服务器时用户名所对应的密码，为了数据库的安全，可以省略密码，直接在登录窗口输入访问数据库密码。

此外，可以使用 Windows 操作系统提供的比较方便的启动连接操作，依次单击"开始"→"程序"→MySQL→MySQL Server→MySQL Command Line Client 命令，直接打开 MySQL 命令行窗口，连接到 MySQL 服务器。登录成功后，客户端的命令提示符变成了"mysql>"，表示连接成功，在此状态下可以输入 status 命令查看当前 MySQL 会话的简单状态信息，如图 3-7 所示。

连接 MySQL 数据库服务器后，可以输入"\h"查看 MySQL 的命令列表，如图 3-8 所示。输入"\q"或者使用 exit 命令，都可以退出 MySQL 客户端，返回到 cmd 命令模式，如图 3-9 所示。

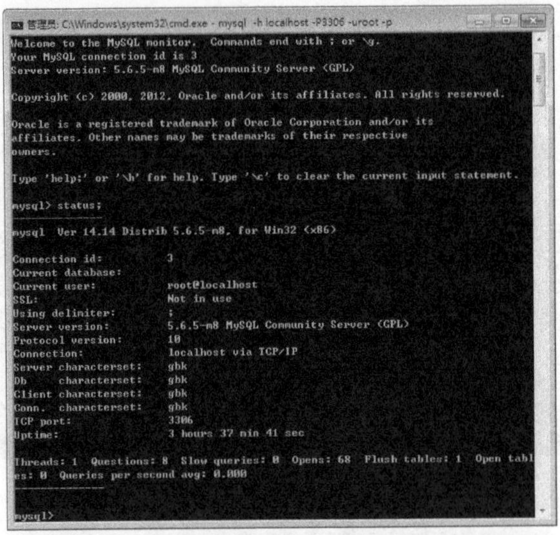

图 3-7　查看 MySQL 状态信息

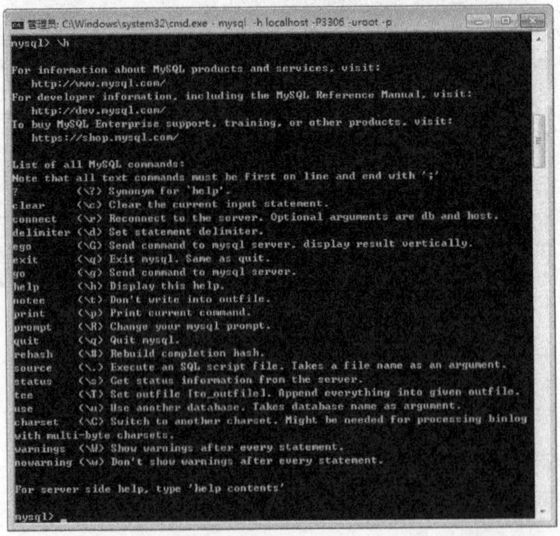

图 3-8　MySQL 命令列表

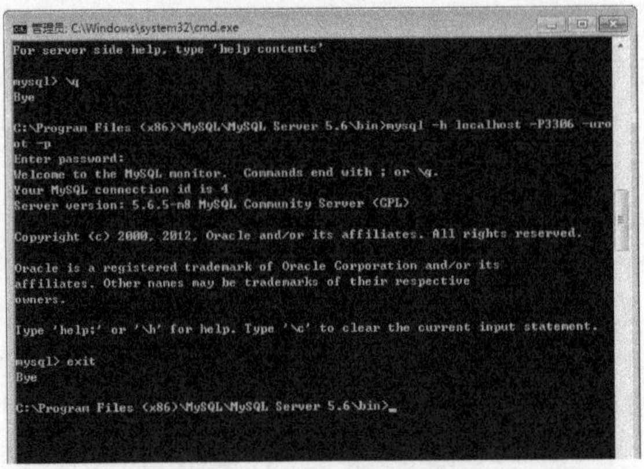

图 3-9　退出 MySQL 客户端

2. 数据表中的中文汉字出现乱码的情况

连接 MySQL 服务器时，如果数据库中数据表的中文汉字信息出现乱码，则主要是因为连接时字符集默认使用 latin1（西欧 ISO_8859_1 字符集的别名），其字符是单字节编码，而汉字是双字节编码，因此可能导致 MySQL 数据库不支持中文字符串的查询，其查询结果会出现乱码，如图 3-10 所示。像这种出现中文乱码的情况，需要在连接数据库服务器时指定字符集，其语法格式如下：

```
mysql --default-character-set=字符集 -h 服务器 IP 地址 -u 用户名 -p 密码
```

该命令是表示在连接数据库服务器时就确定字符体的编码格式。具体字符集的编码格式默认只能显示英文，如果要显示中文汉字，则需要进行设置。

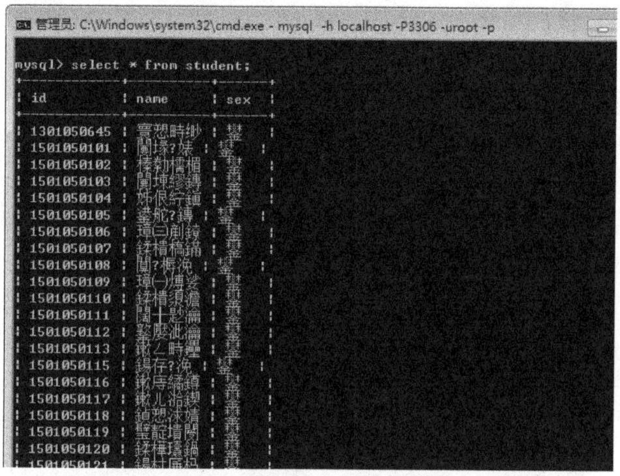

图 3-10　显示中文汉字时出现乱码

MySQL 字符集的设置有很多种。在发生乱码时究竟是哪一种情况，需要在 MySQL 命令行下输入：

```
SHOW VARIABLES LIKE '%char%';
```

该命令用来查看 MySQL 数据库有关字符集的变量取值情况，查询结果如图 3-11 所示，可以看到，一些变量的取值是 gbk，binary，utf8 等，可以通过设置相关字符集变量来改变字符集的格式。

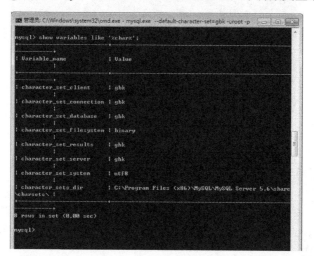

图 3-11　MySQL 字符形式

在当前会话状态下设置字符集的类型，代码如下：

```
SET character_set_client = gbk;
SET character_set_connection = gbk;
SET character_set_database = gbk;
SET character_set_results = gbk;
SET character_set_server = gbk;
SET collation_connection = gbk_chinese_ci;
SET collation_database = gbk_chinese_ci;
SET collation_server = gbk_chinese_ci。
```

解决乱码的方法是在执行 SQL 语句之前，将 MySQL 以下 3 个系统参数设置为与服务器字符集 character-set-server 相同的字符集。

① character_set_client：客户端的字符集。

② character_set_results：结果字符集。

③ character_set_connection：连接字符集。

将这 3 个字符集设置成 utf8 的编码方式，设置字符集类型后，再来查询数据表，则能以正确的中文汉字显示数据表中的数据。正常显示的汉字如图 3-12 所示。

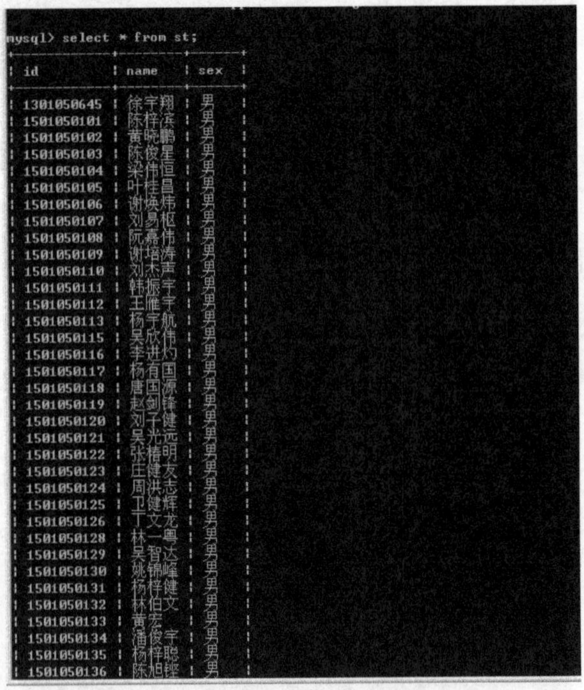

mysql> select * from st;

id	name	sex
1301050645	徐宇翔	男
1501050101	陈梓滨	男
1501050102	黄晓鹏	男
1501050103	陈俊星	男
1501050104	梁伟恒	男
1501050105	叶桂昌	男
1501050106	谢焕炜	男
1501050107	刘易枢	男
1501050108	阮嘉伟	男
1501050109	谢培涛	男
1501050110	刘杰声	男
1501050111	韩振宇	男
1501050112	王雁宇	男
1501050113	杨宇航	男
1501050115	吴欣伟	男
1501050116	李进灼	男
1501050117	杨有国	男
1501050118	唐国源	男
1501050119	赵剑锋	男
1501050120	刘子健	男
1501050121	吴光远	男
1501050122	张椿明	男
1501050123	庄健友	男
1501050124	周洪志	男
1501050125	卫健辉	男
1501050126	丁文龙	男
1501050128	林一粤	男
1501050129	吴智达	男
1501050130	姚锦峰	男
1501050131	杨梓健	男
1501050132	林伯文	男
1501050133	黄宏	男
1501050134	潘俊宇	男
1501050135	杨梓聪	男
1501050136	陈旭铿	男

图 3-12　中文汉字正常显示

3. 修改数据库用户名、密码

可在 cmd 命令模式下使用 mysqladmin 命令修改数据库的用户名、密码，其语法格式如下：

```
mysqladmin -u root -p 旧密码 password 新密码
```

-u 后面连接的是用户名，如图 3-13 所示是将 root 用户的密码修改为 ABCabc123。

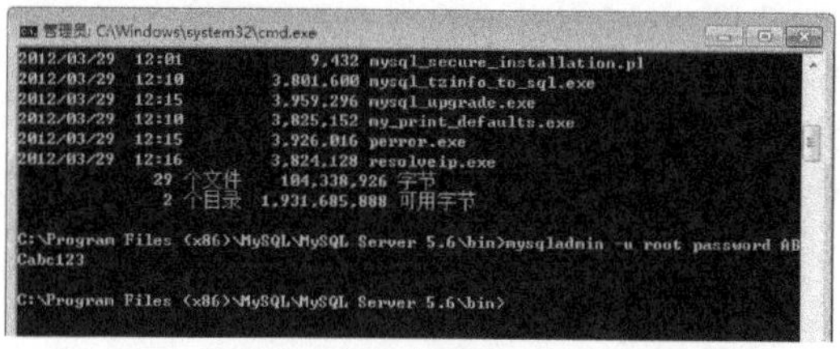

图 3-13 修改服务器用户名、密码

修改用户名、密码后,连接数据库时需要使用新的密码,如图 3-14 所示,是对用户新密码进行验证。

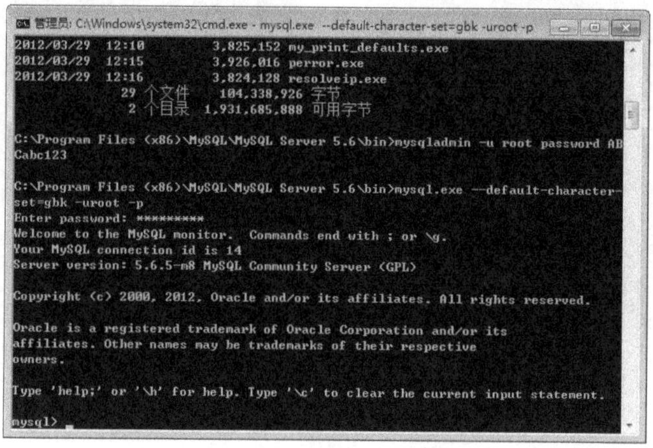

图 3-14 验证 MySQL 新密码

4．创建数据库

创建数据库使用 CREATE DATABASE databasename 语句实现。一般情况下,如果数据库中的数据涉及中文汉字时,可以在创建数据库时指定数据库的字符集,创建数据库的语法格式如下:

CREATE DATABASE databasename DEFAULT CHARACTER SET utf8 COLLATE utf8_general_ci;

① CREATE DATABASE databasename：创建数据库 databasename。

② DEFAULT CHARACTER SET utf8：数据库字符集。设置数据库的默认编码方式为 utf8,这里 utf8 中间没有"-"。

③ COLLATE utf8_general_ci：数据库的校验规则,utf8_general_ci 是 case insensitive 的缩写,意思是大小写不敏感;相对的是 utf8_general_cs,即 case sensitive,是指大小写敏感;还有一种是 utf8_bin,是将字符串中的每个字符用二进制数据存储,区分大小写。

【例 3-1】创建学生竞赛项目管理系统数据库 competition。

CREATE DATABASE competition DEFAULT CHARACTER SET utf8 COLLATE utf8_general_ci;

查看创建结果,如图 3-15 所示。

5．查看数据库

在 MySQL 数据库管理系统中,一台服务器可以创建多个数据库,使用 SHOW DATABASES 命令可查看数据库系统中有哪些数据库。

① SHOW DATABASES：查看数据库服务器中有哪些数据库。

② USE databasename：进入 databasename 数据库中。

③ SHOW TABLES：查看数据库内所有的数据表，前提是先要进入数据库中。
④ DESCRIBE tablename：查看表结构。
⑤ SELECT VERSION()：查看数据库版本。
⑥ SELECT CURRENT_TIME：查看服务器的当前时间。

以上操作的结果如图 3-16 所示。

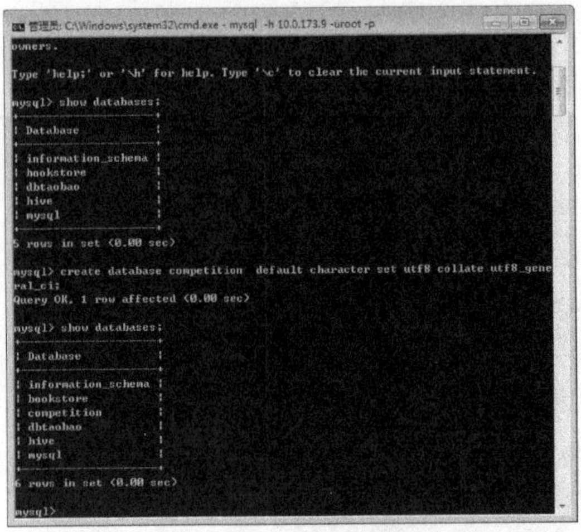

图 3-15　创建数据库

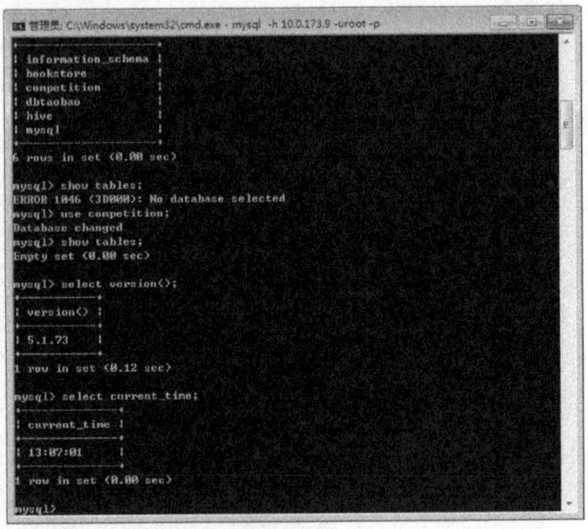

图 3-16　查看数据库

6．删除数据库

MySQL 数据库管理系统中的数据库，不需要时可以将其删除，以节省系统存储空间。需要注意的是，使用普通用户登录 MySQL 服务器，需要用户有相应的删除权限才可以删除指定的数据库，否则需要使用 root 用户登录，MySQL 数据库中的 root 用户拥有最高权限。在删除数据库的过程中，应该十分谨慎，因为执行删除命令后，数据库中的所有数据将会丢失。删除数据库的语法格式如下：

```
DROP DATABASE databasename;
```

删除数据库 competition 的操作结果如图 3-17 所示。

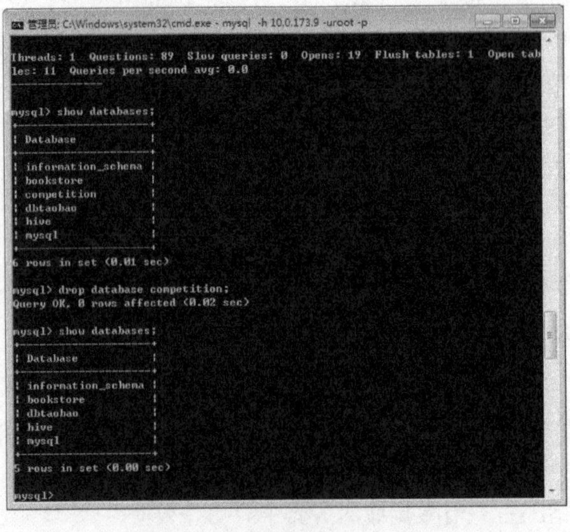

图 3-17　删除数据库（一）

也可以使用 mysqladmin 命令在终端执行删除命令，是在 cmd 命令模式下进行的删除操作，其格式如下：

```
mysqladmin -u root -p drop databasename
```

按 Enter 键后，输入密码，即可删除指定的 databasename 数据库，如图 3-18 所示。

图 3-18　删除数据库（二）

四、任务总结

MySQL 数据库提供了较为丰富的命令供用户使用，需要合理地设置各项参数。本任务通过 mysql.exe 可执行文件连接 MySQL 数据库服务器。需要注意，在数据表中含有中文汉字的情况下，需要设置连接数据库的字符集，只有设置支持中文汉字显示的字符集才可以显示中文汉字。使用 MySQL 数据库命令创建数据库时，应注意数据库存储引擎的设置。

【知识延伸】

MySQL 数据库提供了插件式（Pluggable）的存储引擎，该存储引擎是基于表的，同一个数据库，不同的表，存储引擎可以不同。甚至同一张数据表，在不同的场合可以应用不同的存储引擎。使用 MySQL 命令 SHOW ENGINES 即可查看 MySQL 服务实例支持的存储引擎。

① InnoDB 存储引擎：InnoDB 支持外键、支持事务（Transaction）。如果某张表主要提供 OLTP 支持，需要执行大量的增、删、改操作（INSERT、DELETE、UPDATE语句），出于事务安全方面的考虑，InnoDB 存储引擎是更好的选择。

② MyISAM 存储引擎：MyISAM 具有检查和修复表的大多数工具。MyISAM 表可以被压缩，最早支持全文索引，但不支持事务。MyISAM 表不支持外键，如果需要执行大量的 SELECT 语句，出于性能方面的考虑，MyISAM 存储引擎是更好的选择。

MySQL5.7 默认的存储引擎是 InnoDB。使用 MySQL 命令：

```
SET default_storage_engine=MyISAM;
```

可以临时地将 MySQL 当前会话的存储引擎设置为 MyISAM。

任务二　数据库的备份与恢复

数据库是信息管理系统数据存储及数据管理的仓库，数据库中的数据非常重要，需要经常对数据库中的数据进行备份，以防丢失。服务器故障、磁盘损坏都会造成数据丢失，如果数据库中的数据丢失，将会给管理系统造成损失，因此数据库要经常进行备份，确保数据安全可靠，以减少数据丢失造成的损失。

一、任务描述

使用 MySQL 数据库管理系统的备份工具将 competition 数据库进行备份，然后将备份好的数据库文件进行恢复。

二、任务分析

备份数据库前需要停止数据库服务，防止在备份数据库时还有用户继续向数据表中添加数据，这样会导致备份数据不全面。MySQL 数据库管理系统备份数据库时，是使用 mysqldump 命令将数据库中的数据备份成一个 sql 文件。表的结构和表中的数据将存储在生成的 sql 文件中。使用 mysqldump

命令备份数据库时,首先查找出需要备份的表的结构,再在文本文件中生成一个 CREATE 语句,然后,将表中的所有记录转换成一条 INSERT 语句,通过这些语句,就能够创建表并插入数据,最终完成数据库备份工作。

三、任务完成

1. 备份数据库

(1) 备份单个数据库

使用 MySQL 数据库 mysqldump 命令备份数据库时,应先使用 MySQL 数据库命令 flush tables with read lock 将服务器内存中的数据刷新到数据库文件中,同时锁定所有表,禁止所有数据表的更新操作(但无法禁止数据表的查询操作),以保证备份期间不会有新的数据写入,从而避免数据"不一致"问题的发生,如图 3-19 所示。

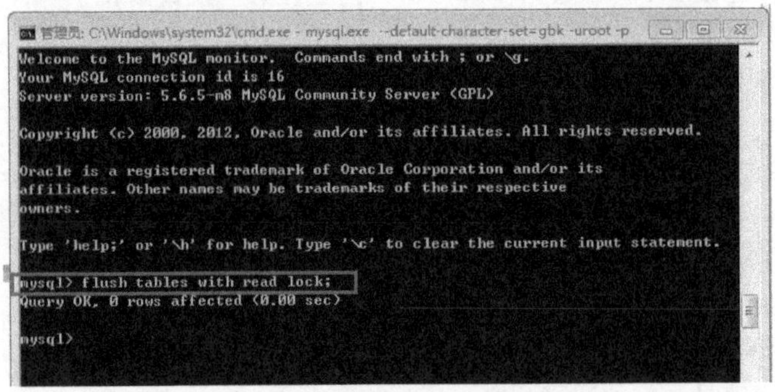

图 3-19 禁止更新数据表

mysqldump 是 MySQL 用于转存储数据库的命令。它主要生成一个 sql 文件,其中包含从头重新创建数据库所必需的命令 CREATE、TABLE、INSERT 等。使用 mysqldump 命令导出数据时,需要使用 --tab 选项指定导出文件的目录,该目录必须是可写的。

在 cmd 命令模式下进入 MySQL 数据库的安装目录,输入如下命令,如图 3-20 所示。

```
mysqldump -u root -p competition >competition.sql
```

图 3-20 输入命令

输入密码,将数据库备份,如图 3-21 所示。

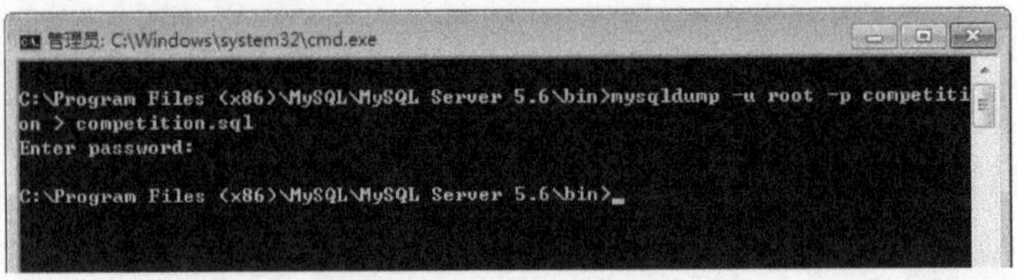

图 3-21 数据库备份

在当前目录下会生成一个 competition.sql 文件,使用 dir 命令可查看所生成的 sql 文件,如图 3-22 所示。

competition.sql 文件即数据库的备份文件。打开备份文件,其内容如图 3-23 所示。

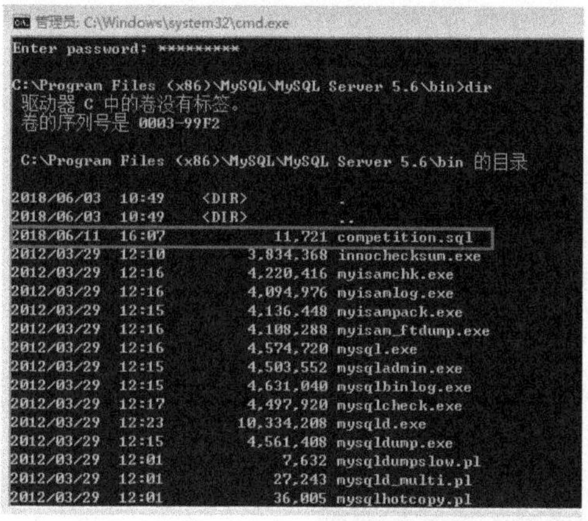

图 3-22　查看数据库备份文件 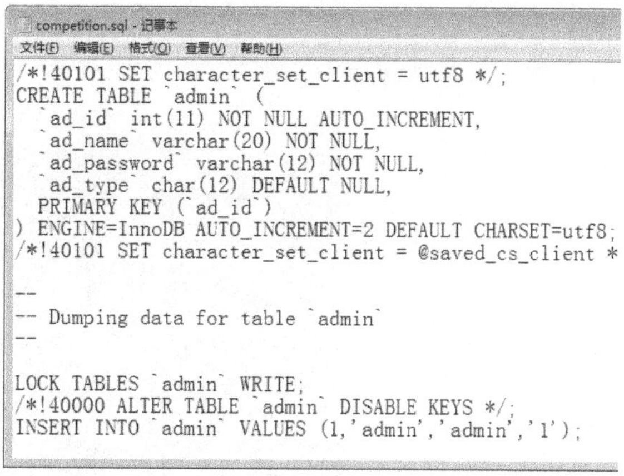　　　　　图 3-23　备份文件内容

备份文件复制到其他存储空间后，再使用 MySQL 命令 UNLOCK TABLES 进行解锁。解锁后，MySQL 服务实例即可重新提供数据更新结果，如图 3-24 所示。

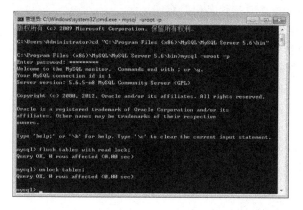

图 3-24　数据表解锁

（2）备份多个数据库

使用 mysqldump 命令，加上参数 --databases 可以实现一次性备份多个数据库，其语法格式如下：

　　mysqldump -u username -p --databases dbname1 dbname2 > Backup.sql

在 --databases 参数后面写出多个数据库的名称，即可进行多个数据库备份。

例如：

　　mysqldump -u root -p --databases test mysql > D:\Backup.sql

（3）备份所有数据库

使用 mysqldump 命令，加上参数 -all-databases 可以实现一次性备份所有数据库，其语法格式如下：

　　mysqldump -u username -p -all-databases > BackupName.sql

例如：

　　mysqldump -u -root -p -all-databases > D:\all.sql

执行结果如图 3-25 所示。

（4）使用复制数据库文件的方式进行备份

MySQL 还有一种非常简单的备份方法，就是将 MySQL 中的数据库文件直接复制出来。这是最简单、最快速的方法。不过在复制文件之前，先要将服务器停止，以确保复制期间数据库的数据不会发生变化。如果在复制数据库的过程中还有数据写入，就会造成数据不一致。需要注意的是，这种方法不适用于 InnoDB 存储引擎的表，而对于 MyISAM 存储引擎的表很方便。

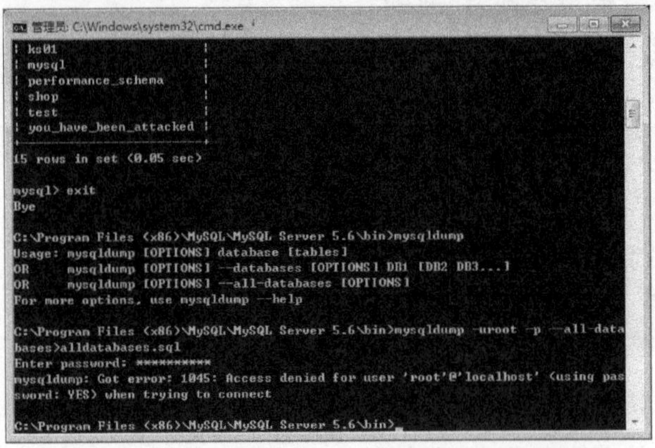

图 3-25　备份所有数据库

（5）使用 mysqlhotcopy 工具快速备份数据库

mysqlhotcopy 支持不停止 MySQL 服务器进行数据库备份。而且 mysqlhotcopy 的备份方式比 mysqldump 快。mysqlhotcopy 是一个 perl 文件，主要在 Linux 系统下使用。其使用 LOCK TABLES、FLUSH TABLES 和 cp 命令进行快速备份。

（6）使用导入、导出的方式来备份数据库

先将需要备份的数据库加上一个读锁，然后用 FLUSH TABLES 将内存中的数据写回硬盘上的数据库，最后将需要备份的数据库文件复制到目标目录中。

① SHOW MASTER STATUS：查看当前二进制文件状态。
② LOCK TABLES student READ：锁定数据表，避免在备份过程中，表被更新。
③ SELECT * INTO OUTFILE 'student.bak ' FROM student：导出数据。
④ UNLOCK TABLES：解锁表。

其相应的恢复备份数据的过程如下。

① LOCK TABLES student WRITE：为表增加一个写锁定。
② LOAD DATA INFILE 'student.bak'2 REPLACE INTO TABLE student。
③ LOAD DATA LOW_PRIORITY INFILE 'student.bak' REPLACE INTO TABLE student。
④ UNLOCK TABLES：解锁表。

恢复数据时如果指定一个 LOW_PRIORITY 关键字，就不必对表锁定，因为数据的导入将被推迟到没有客户读表为止。

操作中若因汉字问题出现恢复异常现象，可以把表默认的字符集和所有字符列（CHAR，VARCHAR，TEXT）改为新的字符集，语句如下：

　　ALTER TABLE tbl_name CONVERT TO CHARACTER SET charset_name;

例如：

　　ALTER TABLE student CONVERT TO CHARACTER SET gbk;

2．恢复数据库

（1）使用 mysql 命令导入备份文件

恢复数据库时应先停止应用，执行 mysql 命令导入备份文件，其语法格式如下：

　　mysql -u root -p database <filename.sql

将 sql 文件恢复到数据库中，就可以将备份文件中的备份数据恢复到数据库中，如图 3-26 所示。

需要注意的是，需要确保数据库已经在 MySQL 数据库管理系统中存在，才能恢复，图 3-26 中显示，数据库 competition 不存在。进入 MySQL 数据库管理系统，创建一个数据库 competition 后，再导入数据库 competition，则导入成功，如图 3-27 所示。

图 3-26　恢复备份文件

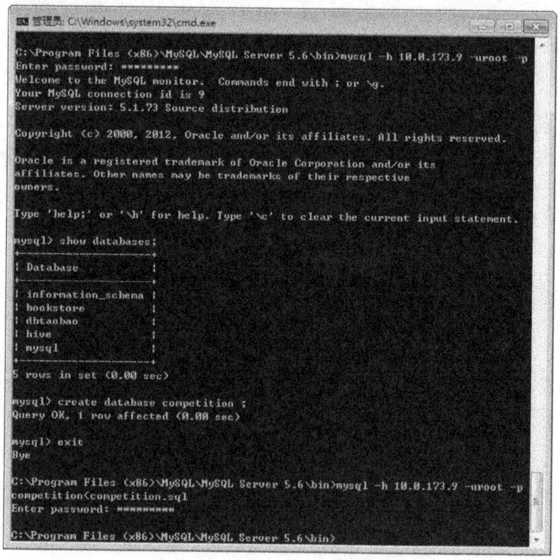

图 3-27　数据库导入成功

（2）用 source 命令恢复数据库

在进入 MySQL 命令模式后，执行 source 命令可以将 sql 文件中的数据恢复到 MySQL 数据库管理系统中，语句如下：

```
source D:\competition.sql
```

执行结果如图 3-28 所示。

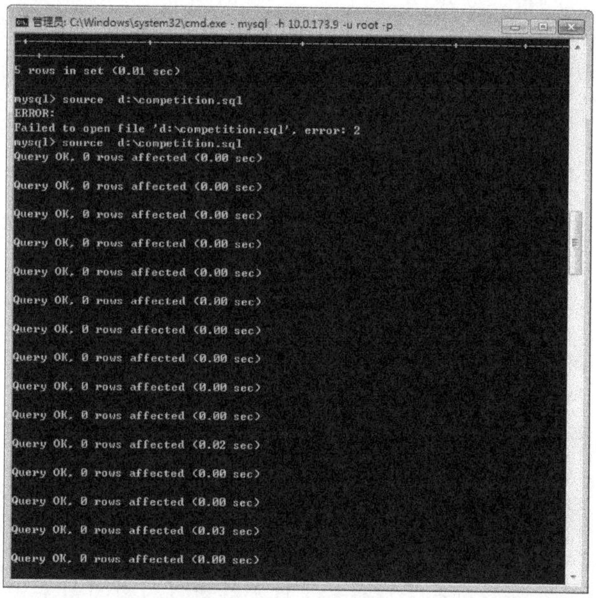

图 3-28　数据库恢复成功

四、任务总结

数据是数据库管理系统的核心,为防止数据丢失,需要经常对数据进行备份操作。数据库备份可以减少数据丢失所带来的损失,因此需要定期对数据库进行备份操作。本任务介绍了 MySQL 数据库服务器中备份数据库的多种方法,无论哪种数据库备份方法都要求备份期间数据库必须处于数据一致状态,备份期间不能对数据进行任何更新操作。

MySQL 备份数据库时,如果是 MyISAM 存储引擎的表,最简单的方法是直接备份整个数据库目录,例如将 competition 数据库对应的 competition 目录复制到 U 盘中。如果是 InnoDB 存储引擎的表,此时不仅需要备份整个数据库目录还需要备份 ibdatal 表的空间文件,以及重做日志文件 ib_logfile0 和 ib_logfile1。备份数据库时,建议将 MySQL 配置文件(如 my.ini 配置文件)一并备份。

任务三　数据库的导入与导出

数据表中的数据经常要进行数据导入与数据导出等操作,特别是不同形式的数据在各种软件系统下进行的导入、导出操作。一般地,办公时经常使用的是 Excel 数据表,有时候需要将 Excel 数据表导入数据库管理系统中,有时候需要将 MySQL 数据库中数据导出到 Excel 表中,各种软件间都需要进行数据转换,掌握数据导入、导出操作,能方便数据在各种工具软件下的应用。

一、任务描述

连接 MySQL 数据库服务器,将技能竞赛数据库中数据表中的数据导出到 Excel 表中,将 Excel 表中的数据导入 MySQL 数据库服务器中的技能竞赛数据库学生表中。

二、任务分析

本任务通过 MySQL 数据库管理系统的工具进行数据导入与数据导出的操作。MySQL 数据库可以查询数据表中的数据,然后将查询的结果导出到指定的文件中。Excel 数据表中的数据需要存储到文本文件中,然后通过 LOAD DATA INFILE 语句将数据导入 MySQL 数据表中。在数据导入、导出过程中,可借助文本文件或其他数据文件作为中介进行格式转换,实现数据在不同工具软件中的导入、导出操作。

三、任务完成

在任务二中介绍了 MySQL 数据库管理系统可使用 mysqldump 命令将数据库的内容备份出来,存储在 sql 类型的文件中。MySQL 数据库使用 SELECT 查询语句将数据表中的数据导出到一个指定的文件中。

1. 通过 SELECT 语句导出数据表查询结果中的数据

其语法格式如下:

```
SELECT 列字段 FROM 表名 INTO OUTFILE 'path/filename';
```

【例 3-2】将 student 表中的数据保存到磁盘上。

```
SELECT * FROM student INTO OUTFILE 'C:/student.txt';
```

查询数据表 student,并将查询结果保存在本地 C 盘下的 student.txt 文件中,查询数据表 student 的执行结果如图 3-29 所示,将查询结果保存到文件中的执行结果如图 3-30 所示。

打开 student.txt 文件,可以看到,其是按一定的规律来存放数据的,结果如图 3-31 所示。

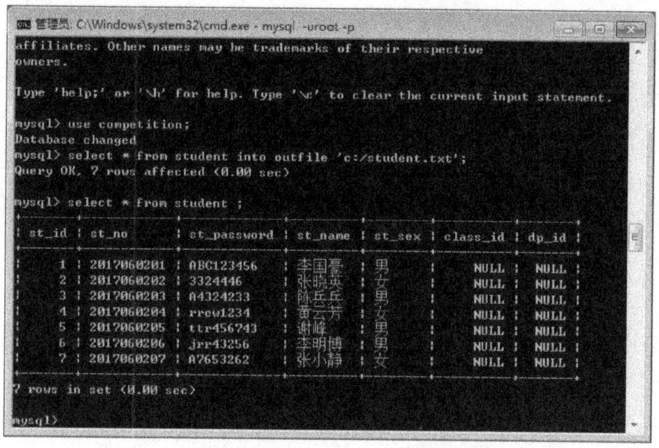

图 3-29 查询数据表中的数据

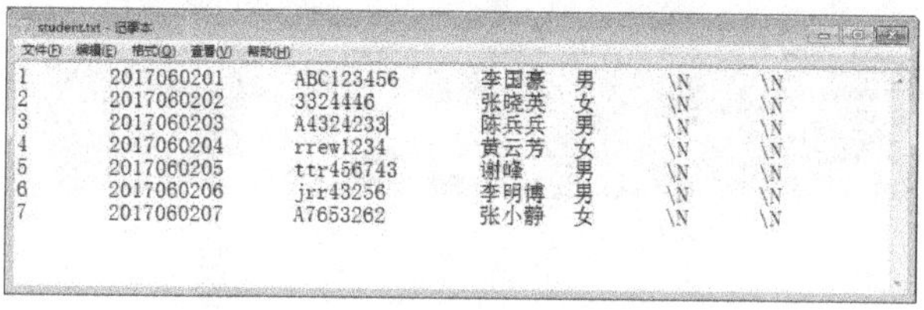

图 3-30 将查询结果保存到文件中

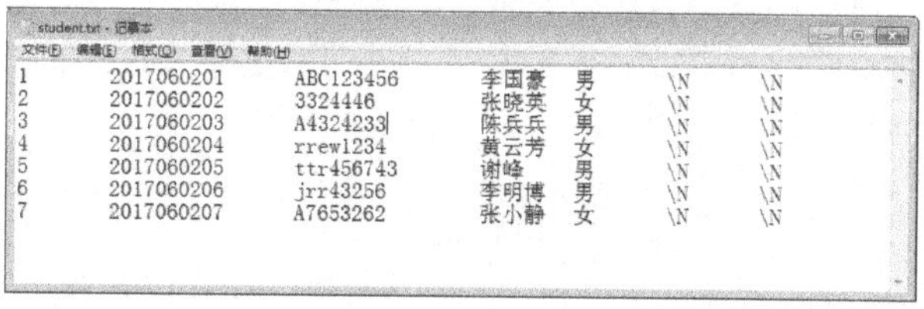

图 3-31 查看数据

2. 通过在源主机上执行 mysqldump 命令导出数据

利用 mysqldump 命令导出数据，将数据备份至 dump.txt 文件中，其语法格式如下：

```
mysqldump -u root -p database_name  table_name > dump.txt;
password *****
```

需要注意的是，如果要完整备份数据库，则无须使用特定的表名称。

如果需要将备份的数据库导入 MySQL 服务器中，可以使用以下命令（需要确认数据库已经创建）：

```
mysql -u root -p database_name < dump.txt;
password *****
```

3. 在两服务器间进行导入

可以使用 mysqldump 命令将导出的数据直接导入远程的数据库服务器中，但需确保两台服务器是相连通的，并且可以相互访问，其语法格式如下：

```
mysqldump -u root -p database_name  mysql -h IP database_name;
```

4. 导入数据

（1）使用 LOAD DATA 语句导入数据

在 MySQL 数据库管理系统中可使用 LOAD DATA 语句导入数据到数据表中。如在 Windows 中读取文件 dump.txt，将该文件中的数据插入当前数据库的 mytbl 表中。

```
LOAD DATA LOCAL INFILE 'dump.txt' INTO TABLE mytbl;
```

即将 dump.txt 文本文件中的数据导入数据表 mytb1 中，如果指定 LOCAL 关键词，则表明从客户端上按路径读取文件。如果没有指定，则文件在服务器上按路径读取文件。

利用 LOAD DATA LOCAL INFILE 命令将文本文件中的数据导入数据库中指定的数据表中，其语法格式如下：

```
LOAD DATA LOCAL INFILE 'path/filename' INTO TABLE tablename;
```

即将 path 目录下 filename 文件中的内容导入 tablename 数据表中。

【例 3-3】将文件 C:\student.txt 中的数据导入 student 表中。

```
LOAD DATA LOCAL INFILE 'C:/student.txt' INTO TABLE student;
```

执行结果如图 3-32 所示。

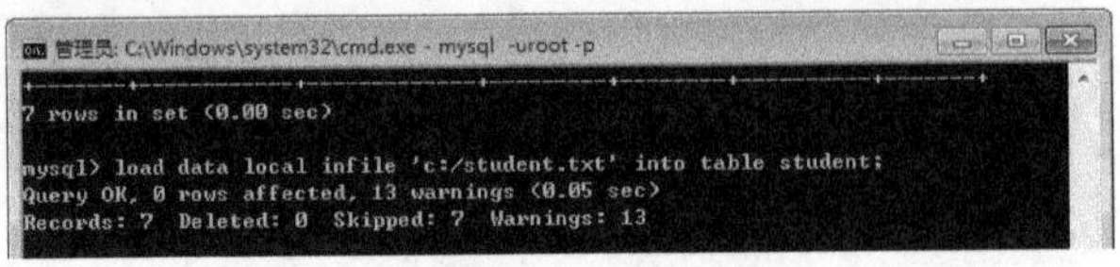

图 3-32　导入数据

将 Excel 中的数据导入 MySQL 数据库的数据表中，可以先将 Excel 中的数据保存为文本文件，然后再利用 LOAD DATA LOCAL INFILE 命令将文本文件中的数据导入数据表中。

LOAD DATA 命令默认情况下是按照数据文件中列的顺序插入数据的，如果数据文件中的列与插入表中的列不一致，则需要指定列的顺序。语法格式如下：

```
LOAD DATA LOCAL INFILE 'dump.txt' INTO TABLE mytbl
    -> FIELDS TERMINATED BY ':'
    -> LINES TERMINATED BY '\r\n';
```

FIELDS 和 LINES 子句的语法是一样的。两个子句都是可选的，但是如果两个子句同时被指定，FIELDS 子句必须出现在 LINES 子句之前。

如果指定一个 FIELDS 子句，它的子句（TERMINATED BY、[OPTIONALLY] ENCLOSED BY 和 ESCAPED BY）也是可选的，不过，用户必须至少指定它们中的一个。明确在 LOAD DATA 语句中指出列值的分隔符和行尾标记，默认标记是定位符和换行符。

【例 3-4】在数据文件 dump.txt 中的列顺序是 a，b，c，但在插入表 mytbl 中的列顺序为 b，c，a，则数据导入的语句如下：

```
LOAD DATA LOCAL INFILE 'dump.txt' INTO TABLE mytbl(b, c, a);
```

（2）使用 mysqlimport 命令导入数据

mysqlimport 命令提供 LOAD DATA 语句的一个命令行接口。mysqlimport 的大多数选项直接对应 LOAD DATA 子句。

例如，从文件 dump.txt 中将数据导入 mytbl 数据表中，可以使用以下命令：

```
$ mysqlimport -u root -p --local database_name dump.txt
password *****
```

mysqlimport 命令可以指定选项来设置指定格式，语句格式如下：

```
$ mysqlimport -u root -p --local --fields-terminated-by=":" --lines-terminated-by="\r\n"  database_name dump.txt
password *****
```

mysqlimport 命令可使用 --columns 选项来设置列的顺序，例如：

```
$ mysqlimport -u root -p --local --columns=b,c,a database_name dump.txt
password *****
```

mysqlimport 命令的常用选项如表 3-1 所示。

表 3-1 mysqlimport 命令的常用选项

选 项	功 能
-d or --delete	新数据导入数据表中之前删除数据表中的所有信息
-f or --force	不管是否遇到错误，mysqlimport 将强制继续插入数据
-i or --ignore	mysqlimport 跳过或者忽略那些有相同唯一关键字的记录，导入文件中的数据将被忽略
-l or -lock-tables	数据被插入之前锁住表，这样就防止了在更新数据库时，用户的查询和更新受到影响
-r or -replace	这个选项与-i 选项的作用相反；此选项将替代表中有相同唯一关键字的记录
--fields-enclosed- by=char	指定文本文件中数据的记录是以什么符号括起的，很多情况下，以双引号括起。默认情况下，数据是不被括起的
--fields-terminated- by=char	指定各个数据值之间的分隔符，在句号分隔的文件中，分隔符是句号。可以用此选项指定数据之间的分隔符。默认的分隔符是跳格符（Tab）
--lines-terminated- by=str	此选项指定文本文件中行与行之间数据的分隔字符串或者字符。默认情况下，mysqlimport 以 newline 为行分隔符。用户可以选择用一个字符串替代一个单个的字符：一个新行或者一个回车

mysqlimport 命令常用的选项还有-v 显示版本（version），-p 提示输入密码（password）等。

四、任务总结

MySQL 数据库管理系统可借助 mysqldump 命令导出数据，该命令存放在 MySQL 安装目录中的 bin 目录下。该命令导出的数据库可保存为 sql 文件。

使用该命令时需要注意两点：①-p 后面不直接接密码，只能按下 Enter 键后再单独输入数据库访问密码；②mysqldump 是在 cmd 命令模式下的命令，不是在 MySQL 命令模式下的命令，即若在 MySQL 命令模式下，需要用 exit 命令退出后，才可以执行。

MySQL 数据库导入数据，即还原数据，先要创建数据库，然后再导入数据。先进入 MySQL 安装目录 C:\Program Files\MySQL\MySQL Server 5.5\bin 下，执行 mysql -h IP -u root –p 命令，进入 MySQL 命令模式，然后创建数据库：CREATE DATABASE databasename，接着查看数据库：SHOW DATABASES，再进入刚才创建的数据库中：USE databasename，使用 source 盘符:\路径\文件名.sql 命令将这个文件中的数据导入数据库中。

实践训练

【实践任务 1】

将 Excel 表中的数据导入 MySQL 数据库的数据表中（数据表请读者自行根据图 3-33 学生表进行创建）。Excel 表中的数据如图 3-33 所示。

序号	学号	姓名	性别	民族	年级	所属系部	班级名称（全称）	专业代码	专业名称（全称）	专业方向名称（全称）
1	1501180102	黄雄拓	男	汉族	2015级	信息工程学院	15电子（港澳台）班	610101	电子信息工程技术	电子信息工程技术
2	1501180103	李裕虎	男	汉族	2015级	信息工程学院	15电子（港澳台）班	610101	电子信息工程技术	电子信息工程技术
3	1501180104	聂文轩	男	汉族	2015级	信息工程学院	15电子（港澳台）班	610101	电子信息工程技术	电子信息工程技术
4	1501130139	古洛渝	男	汉族	2015级	信息工程学院	15电子1班	610101	电子信息工程技术	电子信息工程技术
5	1501130116	饶卓伟	男	汉族	2015级	信息工程学院	15电子1班	610101	电子信息工程技术	电子信息工程技术
6	1501130132	祝帅崎	男	汉族	2015级	信息工程学院	15电子1班	610101	电子信息工程技术	电子信息工程技术
7	1501180101	钟智华	男	汉族	2015级	信息工程学院	15电子1班	610101	电子信息工程技术	电子信息工程技术
8	1501130103	郭松斌	男	汉族	2015级	信息工程学院	15电子1班	610101	电子信息工程技术	电子信息工程技术
9	1501130102	陈明丰	男	汉族	2015级	信息工程学院	15电子1班	610101	电子信息工程技术	电子信息工程技术
10	1501130117	孙楷坤	男	汉族	2015级	信息工程学院	15电子1班	610101	电子信息工程技术	电子信息工程技术
11	1501130110	梁卓智	男	汉族	2015级	信息工程学院	15电子1班	610101	电子信息工程技术	电子信息工程技术
12	1501130114	邱上林	男	汉族	2015级	信息工程学院	15电子1班	610101	电子信息工程技术	电子信息工程技术
13	1501130109	李子玉	男	汉族	2015级	信息工程学院	15电子1班	610101	电子信息工程技术	电子信息工程技术
14	1501130104	黄富明	男	汉族	2015级	信息工程学院	15电子1班	610101	电子信息工程技术	电子信息工程技术
15	1501130133	邹鹰辉	男	汉族	2015级	信息工程学院	15电子1班	610101	电子信息工程技术	电子信息工程技术
16	1501130120	闻立航	男	汉族	2015级	信息工程学院	15电子1班	610101	电子信息工程技术	电子信息工程技术
17	1501130115	邱志恒	男	汉族	2015级	信息工程学院	15电子1班	610101	电子信息工程技术	电子信息工程技术
18	1501130111	林健	男	汉族	2015级	信息工程学院	15电子1班	610101	电子信息工程技术	电子信息工程技术
19	1501130131	周泳锟	男	汉族	2015级	信息工程学院	15电子1班	610101	电子信息工程技术	电子信息工程技术
20	1501130122	谢琨光	男	汉族	2015级	信息工程学院	15电子1班	610101	电子信息工程技术	电子信息工程技术
21	1301130125	李志雄	男	汉族	2015级	信息工程学院	15电子1班	610101	电子信息工程技术	电子信息工程技术
22	1501130123	杨铜威	男	汉族	2015级	信息工程学院	15电子1班	610101	电子信息工程技术	电子信息工程技术
23	1501130106	黎子阳	男	汉族	2015级	信息工程学院	15电子1班	610101	电子信息工程技术	电子信息工程技术
24	1501180105	林浩洪	男	汉族	2015级	信息工程学院	15电子1班	610101	电子信息工程技术	电子信息工程技术
25	1501130105	黄杰华	男	汉族	2015级	信息工程学院	15电子1班	610101	电子信息工程技术	电子信息工程技术
26	1501130126	张畅航	男	汉族	2015级	信息工程学院	15电子1班	610101	电子信息工程技术	电子信息工程技术
27	1501130125	叶伟超	男	汉族	2015级	信息工程学院	15电子1班	610101	电子信息工程技术	电子信息工程技术
28	1501130130	钟梓健	男	汉族	2015级	信息工程学院	15电子1班	610101	电子信息工程技术	电子信息工程技术
29	1501130107	李家强	男	汉族	2015级	信息工程学院	15电子1班	610101	电子信息工程技术	电子信息工程技术
30	1501130118	王志鹏	男	汉族	2015级	信息工程学院	15电子1班	610101	电子信息工程技术	电子信息工程技术
31	1501130112	刘绍康	男	汉族	2015级	信息工程学院	15电子1班	610101	电子信息工程技术	电子信息工程技术
32	1501130124	杨泽鸿	男	汉族	2015级	信息工程学院	15电子1班	610101	电子信息工程技术	电子信息工程技术
33	1501130119	王子健	男	汉族	2015级	信息工程学院	15电子1班	610101	电子信息工程技术	电子信息工程技术
34	1501130108	李俊邦	男	汉族	2015级	信息工程学院	15电子1班	610101	电子信息工程技术	电子信息工程技术
35	1501130121	吴慧锋	男	汉族	2015级	信息工程学院	15电子1班	610101	电子信息工程技术	电子信息工程技术
36	1501130128	张天宁	男	汉族	2015级	信息工程学院	15电子1班	610101	电子信息工程技术	电子信息工程技术
37	1501130113	彭剑叶	男	汉族	2015级	信息工程学院	15电子1班	610101	电子信息工程技术	电子信息工程技术
38	1501130127	张赛铭	男	汉族	2015级	信息工程学院	15电子1班	610101	电子信息工程技术	电子信息工程技术
39	1501130101	蔡林	男	汉族	2015级	信息工程学院	15电子1班	610101	电子信息工程技术	电子信息工程技术
40	1501130238	周远	男	汉族	2015级	信息工程学院	15电子2班	610101	电子信息工程技术	电子信息工程技术
41	1501130231	熊嘉荣	男	汉族	2015级	信息工程学院	15电子2班	610101	电子信息工程技术	电子信息工程技术
42	1501130219	林少杰	男	汉族	2015级	信息工程学院	15电子2班	610101	电子信息工程技术	电子信息工程技术
43	1501130235	赵耀迪	男	汉族	2015级	信息工程学院	15电子2班	610101	电子信息工程技术	电子信息工程技术
44	1501130226	王昊臻	男	汉族	2015级	信息工程学院	15电子2班	610101	电子信息工程技术	电子信息工程技术
45	1501130211	黎浩楠	男	汉族	2015级	信息工程学院	15电子2班	610101	电子信息工程技术	电子信息工程技术
46	1501130216	李欣	男	汉族	2015级	信息工程学院	15电子2班	610101	电子信息工程技术	电子信息工程技术
47	1501130210	雷焕仁	男	汉族	2015级	信息工程学院	15电子2班	610101	电子信息工程技术	电子信息工程技术
48	1501130218	梁智明	男	汉族	2015级	信息工程学院	15电子2班	610101	电子信息工程技术	电子信息工程技术

图 3-33 学生表

提示：首先在 MySQL 数据库中创建数据表，然后将 Excel 数据表中的数据转换成 txt 文本，再利用 LOAD DATA INFILE 命令将 txt 文本中的数据导入数据表中，完成操作。

【实践任务 2】

将学生竞赛项目管理系统数据库中的 teacher 表中的数据导出到 D 盘的 teacher.txt 文件中。

项目四　数据表的管理

学习目标

项目任务	任务一　数据类型 任务二　数据表的创建与管理 任务三　数据管理 任务四　数据完整性
知识目标	（1）了解各种数据类型 （2）了解数据表的创建 （3）掌握使用 SQL 语句修改表结构 （4）掌握删除数据表 （5）掌握对数据实现增、删、改操作 （6）掌握对数据建立约束
能力目标	（1）能够区分各种数据类型 （2）能够完成数据表的创建 （3）能够对数据表进行管理 （4）能够完成对数据的增、删、改操作 （5）能够完成对数据的各种约束
素质目标	（1）培养学生的编程能力和业务素质 （2）培养学生自我学习的习惯、爱好和能力 （3）培养学生的科学精神和态度

任务一　数据类型

一、任务描述

在 MySQL 数据库管理系统中的数据类型包括整数类型、浮点数类型、定点数类型、位类型、日期和时间类型、字符串类型。在创建数据表之前，首先要掌握数据类型。

二、任务分析

数据表由多个字段构成，每个字段指定了不同的数据类型。指定字段的数据类型之后，也就决定了向字段插入的数据内容。例如，当要插入数值时，可以将它们存储为整数类型，也可以将它们存储为字符串类型。不同的数据类型决定了 MySQL 在存储它们时使用的方式，以及在使用它们时选择的运算符号。

三、任务完成

1. 整数类型

MySQL 数据库管理系统除支持标准 SQL 中的所有整数类型（SMALLINT 和 INT）外，还进行了相应扩展。扩展后增加了 TINYINT、MEDIUMINT 和 BIGINT 这 3 个整数类型。

表 4-1 列出了各种整数类型的特性，其中 INT 与 INTEGER 这两个整数类型是相同的（可以相互替换）。

表 4-1　不同的整数类型和取值范围

整数类型	字　节	有符号数取值范围	无符号数取值范围
TINYINT	1	−128～127	0～255
SMALLINT	2	−32768～32767	0～65535
MEDIUMINT	3	−8388608～8388607	0～16777215
INT 和 INTEGER	4	−2147483648～2147483647	0～4294967295
BIGINT	8	−9223372036854775808～9223372036854775807	0～18446744073709551615

显示宽度和数据类型的取值范围无关。显示宽度只是指明 MySQL 最大可能显示的数字个数，数值的位数小于指定的宽度会用空格填充；如果数值的位数大于显示宽度的值，只要该值不超过该类型整数的取值范围，数值依然可以插入，而且能够显示出来。例如，向整数类型 year 字段中插入一个数值 19999，当使用 SELECT 语句查询该字段值的时候，MySQL 显示的将是完整的、带有 5 位数字的 19999，而不是 4 位数字的值。

其他整数类型也可以在定义表结构时指定显示宽度，如果不指定，则系统为每种类型指定默认宽度。

【例 4-1】创建表 tmp1，其中，字段 x、y、z、m、n 的数据类型依次为 TINYINT、SMALLINT、MEDIUMINT、INT、BIGINT。

```
CREATE TABLE tmp1 (x TINYINT,y SMALLINT,z MEDIUMINT,m INT,n BIGINT);
```

执行结果如图 4-1 所示。

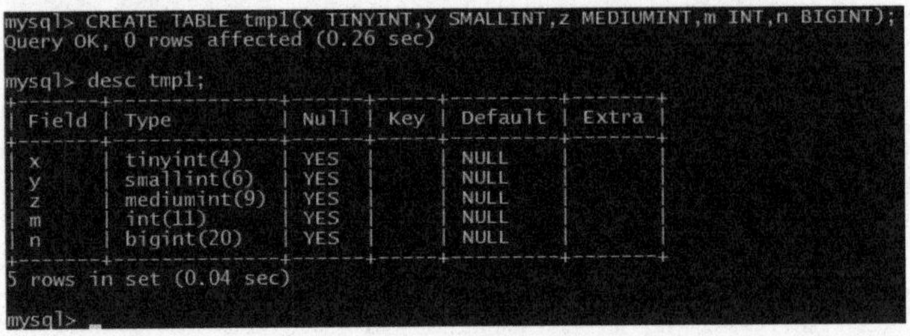

```
mysql> CREATE TABLE tmp1(x TINYINT,y SMALLINT,z MEDIUMINT,m INT,n BIGINT);
Query OK, 0 rows affected (0.26 sec)

mysql> desc tmp1;
+-------+--------------+------+-----+---------+-------+
| Field | Type         | Null | Key | Default | Extra |
+-------+--------------+------+-----+---------+-------+
| x     | tinyint(4)   | YES  |     | NULL    |       |
| y     | smallint(6)  | YES  |     | NULL    |       |
| z     | mediumint(9) | YES  |     | NULL    |       |
| m     | int(11)      | YES  |     | NULL    |       |
| n     | bigint(20)   | YES  |     | NULL    |       |
+-------+--------------+------+-----+---------+-------+
5 rows in set (0.04 sec)

mysql>
```

图 4-1　创建表 tmp1

可以看到，系统将添加不同的默认显示宽度。这些显示宽度能够保证显示每种数据类型时可以取到取值范围内的所有值。例如，TINYINT 类型有符号数和无符号数的取值范围分别是−128～127 和 0～255，由于负号占了一个数字位，因此，TINYINT 默认的显示宽度为 4。同理，其他整数类型的默认显示宽度与其有符号数的最小值的宽度相同。

显示宽度只用于显示，并不能限制取值范围和存储空间，如 INT（3）会占用 4 字节的存储空间，并且允许的最大值也不会是 999，而是 INT 型所允许的最大值。

不同的整数类型有不同的取值范围，并且需要不同的存储空间，因此，应该根据实际需要选择最合适的类型，这样有利于提高查询的效率和节省存储空间。整数类型是不带小数部分的数值，但现实生活中很多地方需要用到带小数的数值，下面介绍 MySQL 中支持的小数类型。

2．浮点数类型和定点数类型

MySQL 中使用浮点数和定点数来表示小数。浮点数有两种：单精度浮点类型（FLOAT）和双精度浮点类型（DOUBLE）。定点数只有一种：DECIMAL。浮点数类型和定点数类型都可以用（M, N）来表示，其中 M 称为精度，表示总位数；N 称为标度，表示小数的位数。表 4-2 列出了 MySQL 中的浮点数类型和定点数类型。

表 4-2　浮点数类型和定点数类型

类型名称	存储需求	说　明
FLOAT	单精度浮点数	4 字节
DOUBLE	双精度浮点数	8 字节
DECIMAL（M, D），DEC	压缩的“严格”定点数	M+2 字节

DECIMAL 不同于 FLOAT 和 DOUBLE，实际上是以串来存放的，DECIMAL 可能的最大取值范围与 DOUBLE 一样，但是其有效的取值范围由 M 和 D 的值决定。如果改变 M 而固定 D，其取值范围将随 M 的增大而增大。从表 4-2 中可以看到，DECIMAL 的存储空间并不是固定的，而由其精度值 M 决定，占用 M+2 字节。

FLOAT 类型的取值范围如下。

有符号数的取值范围：−3.402823466E+38～−1.175494351E−38。

无符号数的取值范围：0，1.175494351E−38～3.402823466E+38。

DOUBLE 类型的取值范围如下。

有符号数的取值范围：−1.7976931348623157E+308～−2.2250738585072014E−308。

无符号数的取值范围：0，2.2250738585072014E−308～1.7976931348623157E+308。

不论是定点还是浮点类型，如果用户指定的精度超出精度范围，则会进行四舍五入处理。

FLOAT 和 DOUBLE 在不指定精度时，默认会按照实际的精度处理（由计算机硬件和操作系统决定），DECIMAL 如不指定精度，则默认为（10,0）。

【例 4-2】 分别为 tmp2 表创建 val1（FLOAT）字段、val2（DOUBULE）字段及 val3（DEC（12, 3））字段，然后分别插入数值 123456789012345.6789，查看表数据。

创建 tmp2 表：

```
CREATE TABLE tmp2 (val1 FLOAT,val2 DOUBLE,val3 DEC (18,3));
```

插入数据到 tmp2 表：

```
INSERT INTO tmp2 VALUES (123456789012345.6789,123456789012345.6789, 1234567
89012345.6789);
```

查询 tmp2 表数据：

```
SELECT * FROM tmp2;
```

执行结果如图 4-2 所示。

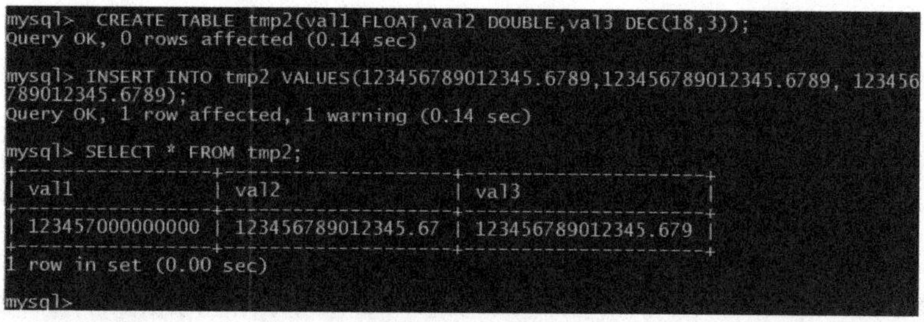

```
mysql>  CREATE TABLE tmp2(val1 FLOAT,val2 DOUBLE,val3 DEC(18,3));
Query OK, 0 rows affected (0.14 sec)

mysql> INSERT INTO tmp2 VALUES(123456789012345.6789,123456789012345.6789, 123456
789012345.6789);
Query OK, 1 row affected, 1 warning (0.14 sec)

mysql> SELECT * FROM tmp2;
+-----------------+--------------------+---------------------+
| val1            | val2               | val3                |
+-----------------+--------------------+---------------------+
| 123457000000000 | 123456789012345.67 | 123456789012345.679 |
+-----------------+--------------------+---------------------+
1 row in set (0.00 sec)

mysql>
```

图 4-2　执行结果

可以看到，浮点数类型相对于定点数类型的优点是，在长度一定的情况下，浮点数能够表示更大的数值范围，它的缺点是会引起精度问题。

在 MySQL 中，定点数以字符串的形式存储，在对精度要求较高时（如货币、科学数据等），使用 DECIMAL 类型比较好。另外，两个浮点数进行减法和比较运算时也容易出现问题，所以在使用浮点数时需要注意，应尽量避免进行浮点数的比较。

3．日期与时间类型

MySQL 中有多种表示日期的数据类型，主要有：DATETIME、DATE、TIMESTAMP、TIME 和 YEAR。例如，当只记录年信息时，可以使用 YEAR 类型，而没有必要使用 DATE 类型。每种类型都有合法的取值范围，当指定确实不合法的值时，系统将 0 值插入数据库中。表 4-3 列出了 MySQL 中的日期与时间类型。

表 4-3 日期与时间类型

类型名称	日期格式	日期范围	存储需求
YEAR	YYYY	1901～2155	1 字节
TIME	HH:MM:SS	-838:59:59～838:59:59	3 字节
DATE	YYYY-MM-DD	1000-01-01～9999-12-31	3 字节
DATETIME	YYYY-MM-DD HH:MM:SS	1000-01-01 00:00:00～9999-12-31 23:59:59	8 字节
TIMESTAMP	YYYY-MM-DD HH:MM:SS	1970-01-01 00:00:01 UTC～2038-01-19 03:14:07 UTC	4 字节

（1）YEAR 类型

YEAR 类型是一个单字节类型，用于表示年，在存储时只占用 1 字节。可以使用各种格式指定 YEAR 值，具体如下。

① 以 4 位字符串或者 4 位数字格式表示 YEAR，范围为 1901～2155。输入格式为"YYYY"或者 YYYY，例如，输入"2010"或 2010，插入数据库的值均为 2010。

② 以 2 位字符串格式表示 YEAR，范围为 1～99。1～69 和 70～99 范围的值分别被转换为 2001～2069 和 1970～1999 范围的 YEAR 值。

注意：在这里 0 值被转换为 0000，而不是 2000。

2 位整数范围与 2 位字符串范围稍有不同，例如，插入 2000 年，我们可能会使用数字格式的 0 表示 YEAR，实际上，插入数据库中的值为 0000，而不是所希望的 2000。只有使用字符串格式的"0"或"00"，才可以被正确地解释为 2000。非法 YEAR 值将被转换为 0000。

（2）TIME

TIME 类型用在只需要时间信息的值上，在存储时占用 3 字节，格式为 HH:MM:SS。HH 表示小时，MM 表示分钟，SS 表示秒。TIME 类型的取值范围为-838:59:59～838:59:59，小时部分会如此大的原因是，TIME 类型不仅可以用于表示一天的时间（必须小于 24 小时），还可能是某个事件过去的时间或两个事件之间的时间间隔（可以大于 24 小时，或者为负）。可以使用各种格式指定 TIME，具体如下。

① "D HH:MM:SS"格式的字符串。还可以使用下面任何一种"非严格"的语法："HH:MM:SS""HH:MM""D HH:MM""D HH"或"SS"。这里的 D 表示日，可以取 0～31 之间的值。在插入数据库时，D 被转换为小时保存，格式为"D*24+HH"。

② "HHMMSS"格式的、没有间隔符的字符串，或者 HHMMSS 格式的数值，假定是有意义的时间。例如，"101112"被理解为"10:11:12"，但"109712"是不合法的（它有一个没有意义的分

钟部分），存储时将变成 00:00:00.

为 TIME 列分配简写值时应注意：如果没有冒号，MySQL 解释值时，假定最右边的两位表示秒。（MySQL 解释 TIME 值为过去的时间而不是当天的时间）。例如，读者可以认为"1112"和 1112 表示 11:12:00（11 点 12 分），但 MySQL 将它们解释为 00:11:12（即 11 分 12 秒）。同样"12"和 12 被解释为 00:00:12。相反，TIME 值中如果使用冒号，则一定会被视为当天的时间。也就是说，"11:12"表示 11:12:00，而不是 00:11:12。

（3）DATE 类型

DATE 类型用在仅需要日期值时，没有时间部分，存储需要 3 字节。日期格式为"YYYY-MM-DD"，其中，YYYY 表示年，MM 表示月，DD 表示日。在为 DATE 类型的字段赋值时，可以使用字符串类型或者数字类型的数据插入，只要符合 DATE 的日期格式即可，具体如下。

① 以"YYYY-MM-DD"或者"YYYYMMDD"字符串格式表示的日期，取值范围为 1000-01-01～9999-12-31。例如，输入"2017-12-31"或者"20171231"，插入数据库的日期都是 2017-12-31。

② 以"YY-MM-DD"或者"YYMMDD"字符串格式表示的日期，YY 表示两位的年值。包含两位年值的日期会令人感觉模糊，因为不知道世纪。MySQL 使用以下规则解释两位年值：00～69 范围的年值被转换为 2000～2069；70～99 范围的年值被转换为 1970～1999。例如，输入"17-12-31"，插入数据库的日期为 2017-12-31；输入"900823"，插入数据库的日期为 1990-08-23。

③ 以 YY-MM-DD 或者 YYMMDD 数字格式表示的日期，与前面相似，00～69 范围的年值被转换为 2000～2069；70～99 范围的年值被转换为 1970～1999。例如，输入 17-12-31，插入数据库的日期为 2017-12-31；输入 900823，插入数据库的日期为 1990-08-23。

④ 使用 CURRENT_DATE 或者 NOW()，插入当前系统日期。

（4）DATETIME

DATETIME 类型用在需要同时包含日期和时间信息的值上，在存储时占用 8 字节。日期格式为"YYYY-MM-DD HH:MM:SS"，其中，YYYY 表示年，MM 表示月，DD 表示日，HH 表示小时，MM 表示分钟，SS 表示秒。在为 DATETIME 类型的字段赋值时，可以使用字符串类型或者数字类型的数据，只要符合 DATETIME 的日期格式即可，具体如下。

① 以"YYYY-MM-DD HH:MM:SS"或者"YYYYMMDDHHMMSS"字符串格式表示的日期，取值范围为 1000-01-01 00:00:00～9999-12-31 23:59:59。例如，输入"2017-12-31 05:05:05"或者"20171231050505"，插入数据库的 DATETIME 值都为 2017-12-31 05:05:05。

② 以"YY-MM-DD HH:MM:SS"或者"YYMMDDHHMMSS"字符串格式表示的日期，在这里，YY 表示两位的年值。与前面相同，00～69 范围的年值被转换为 2000～2069；70～99 范围的年值被转换为 1970～1999。例如，输入"17-12-31 05:05:05"，插入数据库的 DATETIME 为 2017-12-31 05:05:05；输入"900823050505"，插入数据的日期为 1990-08-23 05:05:05。

③ 以 YYYYMMDDHHMMSS 或者 YYMMDDHHMMSS 数字格式表示的日期，YY 表示两位的年值。例如，输入 171231050505，插入数据库的 DATETIME 为 2017-12-31 05:05:05；输入 900823050505，插入数据库的 DATETIME 为 1990-08-23 05:05:05。

（5）TIMESTAMP

TIMESTAMP 的显示格式与 DATETIME 相同，显示宽度固定在 19 个字符，日期格式为 YYYY-MM-DD HH:MM:SS，在存储时占用 4 字节。但是，TIMESTAMP 的取值范围小于 DATETIME 的取值范围，为 1970-01-01 00:00:01 UTC～2038-01-19 03:14:07 UTC，其中，UTC（Coordinated Universal Time）为世界标准时间，因此插入数据时，要保证其在合法的取值范围内。

TIMESTAMP 与 DATETIME 除存储字节和支持的范围不同外，还有一个最大的区别是 DATETIME 在存储日期数据时，按实际输入的格式存储，即输入什么就存储什么，与时区无关；而 TIMESTAMP 值的存储是以 UTC 格式保存的，存储时对当前时区进行转换，检索时再转换回当前时区。即查询时，根据当前时区的不同，显示的时间值是不同的。

在具体应用中，各种日期和时间类型的应用场合如下：

① 如果要表示年、月、日，一般使用 DATE 类型；

② 如果要表示年、月、日、时、分、秒，一般使用 DATETIME 类型；

③ 如果需要经常插入或者更新日期为当前系统时间，一般使用 TIMESTAMP 类型；

④ 如果要表示时、分、秒，一般使用 TIME 类型；

⑤ 如果要表示年份，一般使用 YEAR 类型，因为该类型比 DATE 类型占用更少的空间。

在具体使用 MySQL 数据库管理系统时，要根据实际应用来选择满足需求的日期类型。例如，如果只需要存储“年份”，则可以选择存储字节为 1 的 YEAR 类型。如果要存储年、月、日、时、分、秒，并且年份的取值可能比较久远，最好使用 DATETIME 类型，而不是 TIMESTAMP 类型，因为前者比后者所表示的日期范围要大一些。如果存储的日期需要让不同时区的用户使用，则可以使用 TIMESTAMP 类型，因为只有该类型的日期能够与实际时区相对应。

【例 4-3】 日期和时间类型的使用方法。

创建 d_test 表：

```
CREATE TABLE d_test(
f_date DATE,
f_datetime DATETIME,
f_timestamp TIMESTAMP,
f_time TIME,
f_year YEAR
);
```

插入数据到 d_test 表：

```
INSERT INTO d_test VALUES(curdate(),NOW(),NOW(),TIME(NOW()),YEAR(NOW()));
```

查询 d_test 表中的数据：

```
SELECT * FROM d_test;
```

执行结果如图 4-3 所示。

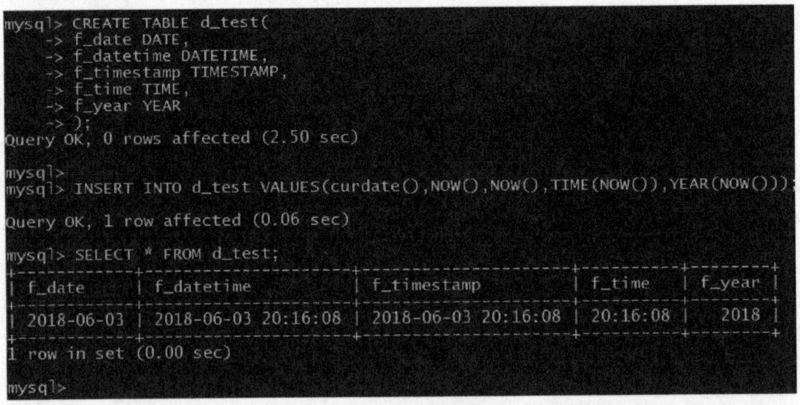

```
mysql> CREATE TABLE d_test(
    -> f_date DATE,
    -> f_datetime DATETIME,
    -> f_timestamp TIMESTAMP,
    -> f_time TIME,
    -> f_year YEAR
    -> );
Query OK, 0 rows affected (2.50 sec)

mysql>
mysql> INSERT INTO d_test VALUES(curdate(),NOW(),NOW(),TIME(NOW()),YEAR(NOW()));

Query OK, 1 row affected (0.06 sec)

mysql> SELECT * FROM d_test;
+------------+---------------------+---------------------+----------+--------+
| f_date     | f_datetime          | f_timestamp         | f_time   | f_year |
+------------+---------------------+---------------------+----------+--------+
| 2018-06-03 | 2018-06-03 20:16:08 | 2018-06-03 20:16:08 | 20:16:08 |   2018 |
+------------+---------------------+---------------------+----------+--------+
1 row in set (0.00 sec)

mysql>
```

图 4-3 执行结果

4. 字符串类型

字符串类型用来存储字符串数据，除可以存储字符串数据之外，还可以存储其他数据，如图片和声音的二进制数据。字符串可以进行区分或者不区分大小写的串比较，另外，还可以进行模式匹配查找。MySQL 中的字符串类型有 CHAR、TEXT、BINARY、BLOB。表 4-4 列出了 MySQL 数据库管理系统所支持的 CHAR 系列字符串类型的特性。

表 4-4 CHAR 系列字符串

CHAR 系列字符串类型	字 节	描 述
CHAR（M）	M	M 为 0~255 之间的整数
VARCHAR（M）	可变，最大为 M	M 为 0~65535 之间的整数

表 4-4 中的内容显示，字符串类型 CHAR 的字节数是 M，例如，CHAR（4）的数据类型为 CHAR，其最大长度为 4 字节。VARCHAR 类型的长度是可变的，其长度的范围为 0~65535。

在具体使用时，如果需要存储少量字符串，则可以选择 CHAR 和 VARCHAR 类型，至于是选择这两种类型中的哪一种，则需要判断所存储字符串的长度是否经常变化，如果经常发生变化，则可以选择 VARCHAR 类型，否则选择 CHAR 类型。

表 4-5 列出了 MySQL 数据库管理系统所支持的 TEXT 系列字符串类型的特性，具体内容如下。

表 4-5 TEXT 系列字符串

TEXT 系列字符串类型	字 节	描 述
TINYTEXT	0~255	值的长度为 1 字节
TEXT	0~65535	值的长度为 2 字节
MEDIUMTEXT	0~16777215	值的长度为 3 字节
LOGNTEXT	0~4294967295	值的长度为 4 字节

表 4-5 中的内容显示，TEXT 系列中的各种字符串类型允许的长度和存储字节不同，其中，TINYTEXT 字符串类型允许存储的字符串长度最小，LONGTEXT 字符串类型允许的存储字符串长度最大。

在具体使用时，如果需要存储大量字符串（存储文章内容的纯文本），则可以选择 TEXT 系列字符串类型。至于是选择这些类型中的哪一种，则需要根据所存储字符串的长度，来决定是选择允许长度最小的 TINYTEXT 字符串类型，还是选择允许长度最大的 LONGTEXT 字符串类型。

表 4-6 列出了 MySQL 数据库管理系统所支持的 BINARY 系列字符串类型的特性，具体内容如下。

表 4-6 BINARY 系列字符串

BINARY 系列字符串类型	字 节	描 述
BINARY（M）	M	允许长度为 0~M
VARBINARY（M）	可变，最大为 M	允许长度为 0~M

表 4-6 中的两种类型，与 CHAR 字符串类型中的 CHAR 和 VARCHAR 非常相似，不同的是，前者可以存储二进制数据（如图片、音乐或者视频文件），而后者只能存储字符数据。

在具体使用时，如果需要存储少量二进制数据，则可以选择 BINARY 和 VARBINARY 类型。至于选择这两种类型中的哪一种，则需要判断存储的二进制数据类型是否经常变化。如果经常发生变化，则可以选择 VARBINARY 类型，否则选择 BINARY 类型。

表 4-7 列出了 MySQL 数据库管理系统所支持的 BLOB 系列字符串类型的特性，具体内容如下。

表 4-7 BLOB 系列字符串类型

BLOB 系列字符串类型	字 节	描 述
TINYBLOB	0~255	最大 255 字节
BLOB	$0~2^{16}$	最大 64KB
MEDIUMBLOB	$0~2^{24}$	最大 16MB
LONGGLOB	$0~2^{32}$	最大 4GB

表4-7中的4种类型，与TEXT系列字符串类型非常相似，不同的是，前者可以存储二进制数据（如图片、音乐或者视频文件），而后者只能存储字符数据。

在具体使用时，如果需要存储大量二进制数据（如电影等视频文件），则可以选择BLOB系列字符串类型。至于选择这些类型中的哪一种，则需要根据所存储的二进制数据长度，来决定选择允许长度最小的TINYBLOB字符串类型，还是选择允许长度最大的LONGBLOB字符串类型。

四、任务总结

本任务主要介绍了在MySQL中创建数据库对象表之前需要掌握的一些概念。数据类型决定了数据库对象表中数据存储的数据类型，主要介绍了整数类型、浮点数类型、定点数类型、日期和时间类型、字符串类型。

MySQL提供了大量的数据类型，为了优化存储，提高数据库性能，在任何情况下均应使用最精确的类型。即在所有可以表示该值的类型中，选择占用存储空间最少的类型。

任务二　数据表的创建与管理

一、任务描述

表是最重要的数据库对象，它用来存储数据。数据表包括行和列，列决定了表中数据的类型，行包含了实际的数据。要想将数据录入数据表中，必须先按照学生竞赛项目管理系统的关系模式创建表结构。

二、任务分析

在设计数据库时，我们已经确定学生竞赛项目管理系统需要创建8张表。现在设计表的结构，主要包括表的名称，表中每字段的名称，数据类型和长度，表中的字段是否为空值、是否唯一、是否有默认值，表的哪些字段是主键、哪些字段是外键等。

三、任务完成

1. 创建表

创建数据表需要用到CREATE TABLE语句，其语法格式如下：

```
CREATE TABLE table_name
(
字段1　数据类型1 列级完整性约束条件1,
字段2　数据类型2 列级完整性约束条件2,
字段3　数据类型3 列级完整性约束条件3
)
```

上述语句中的table_name表示所要创建的表的名称，表名紧跟在关键字CREATE TABLE后面。表的具体内容定义在圆括号之中，各字段之间用逗号分隔。其中，字段参数表示字段的名称，数据类型参数指定字段的数据类型。例如，如果字段中存储的为数字，则相应的数据类型为数值类型。列级完整性约束条件是为了防止不符合规范的数据进入数据库。在用户对数据进行插入、修改、删除等操作时，数据库管理系统自动按照一定的约束条件对数据进行检测，以确保数据库中存储的数据正确、有效、相容。在具体创建数据库时，表名不能与已经存在的表对象重名，其命名规则与数据库命名规则一致。

【例 4-4】创建 student 表。在数据库 competition 中创建一张表 student，它由 7 个字段组成，分别为：st_id，st_no，st_password，st_name，st_sex，class_id，dp_id。

```
CREATE TABLE student(
st_id INT PRIMARY KEY AUTO_INCREMENT,
st_no CHAR(10) NOT NULL UNIQUE,
st_password VARCHAR(12) NOT NULL,
st_name VARCHAR(20) NOT NULL,
st_sex CHAR(2) DEFAULT '男',
class_id INT,
dp_id INT
)ENGINE=InnoDB DEFAULT CHARSET=utf8;
```

执行结果如图 4-4 所示。

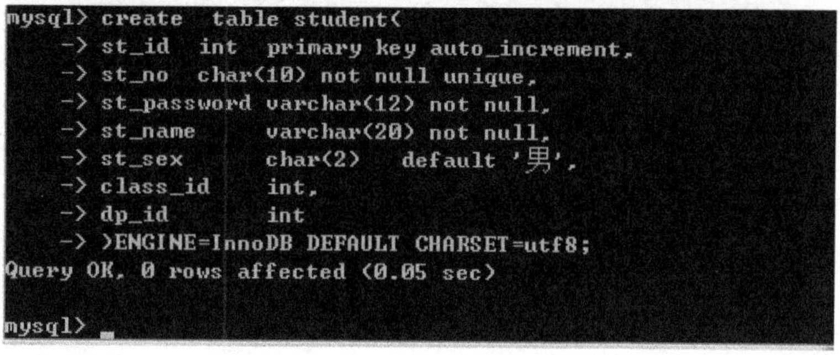

```
mysql> create  table student(
    -> st_id  int  primary key auto_increment,
    -> st_no  char(10) not null unique,
    -> st_password varchar(12) not null,
    -> st_name      varchar(20) not null,
    -> st_sex       char(2)   default '男',
    -> class_id     int,
    -> dp_id        int
    -> )ENGINE=InnoDB DEFAULT CHARSET=utf8;
Query OK, 0 rows affected (0.05 sec)

mysql> _
```

图 4-4　创建 student 表

【例 4-5】创建 teacher 表。在数据库 competition 中创建一张表 teacher，它由 7 个字段组成，分别为 tc_id，tc_no，tc_password，tc_name，tc_sex，dp_id，tc_info。

```
CREATE_TABLE  TEACHER(
tc_id INT  NOT NULL  PRIMARY KEY  AUTO_INCREMENT,
tc_no CHAR(10) NOT NULL UNIQUE,
tc_password VARCHAR(12) NOT NULL,
tc_name VARCHAR(20) NOT NULL,
tc_sex CHAR(2) DEFAULT '男',
dp_id INT,
tc_info TEXT
)ENGINE=InnoDB DEFAULT CHARSET=utf8;
```

执行结果如图 4-5 所示。

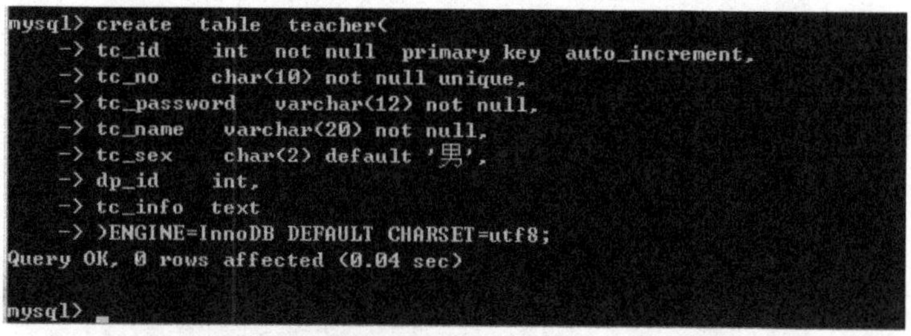

```
mysql> create  table  teacher(
    -> tc_id     int  not null  primary key  auto_increment,
    -> tc_no     char(10) not null unique,
    -> tc_password   varchar(12) not null,
    -> tc_name    varchar(20) not null,
    -> tc_sex     char(2) default '男',
    -> dp_id      int,
    -> tc_info    text
    -> )ENGINE=InnoDB DEFAULT CHARSET=utf8;
Query OK, 0 rows affected (0.04 sec)

mysql> _
```

图 4-5　创建 teacher 表

2. 查看表

创建表后，经常需要查看表信息。那么如何在 MySQL 中查看表信息呢？可以通过 DESCRIBE 和 SHOW CREATE TABLE 语句查看表信息。

（1）DESCRIBE 语句

创建表后，如果需要查看表的定义，可以通过执行 SQL 语句 DESCRIBE 来实现，其语法格式如下：

```
DESCRIBE 表名；
```

【例 4-6】查看数据库 competition 中学生表 student 的定义。

```
USE competition;
DESCRIBE student;
```

执行结果如图 4-6 所示。

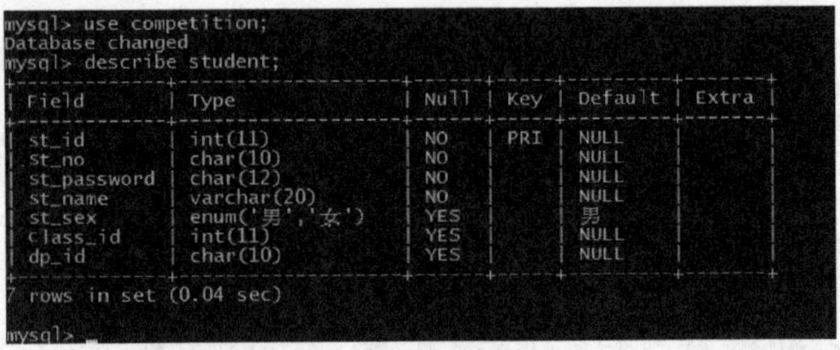

图 4-6　查看表定义

（2）SHOW CREATE TABLE 语句

创建表后，如果需要查看表结构的详细定义，可以通过执行 SQL 语句 SHOW CREATE TABLE 来实现，其语法格式如下：

```
SHOW CREATE TABLE table_name;
```

【例 4-7】执行 SQL 语句 SHOW CREATE TABLE，查看 competition 中教师表 teacher 的详细信息。

```
USE competition;
SHOW CREATE TABLE teacher;
```

执行结果如图 4-7 所示。

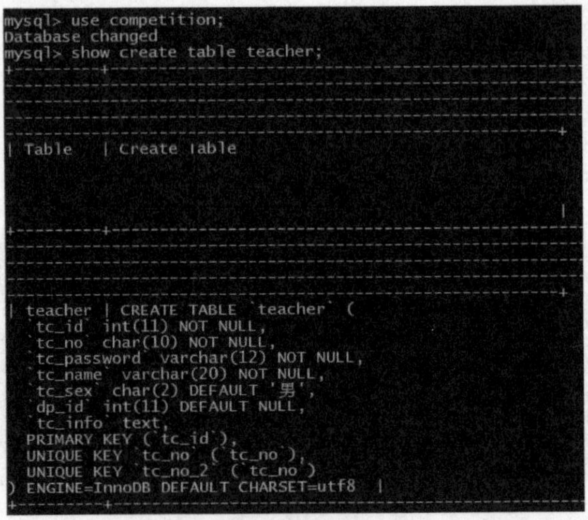

图 4-7　查看表结构的详细定义

3. 修改表

对于已经创建好的表，在使用一段时间后，需要进行一些结构上的修改，即表的修改操作。

该操作的解决方案是先将表删除，然后再按照新的表定义重建表。但是这种解决方案存在问题，即如果表中已经存在大量数据，那么重建表后还需要做许多额外工作，如数据的重载等。为了解决上述问题，MySQL 数据库提供了 ALTER TABLE 语句实现表结构的修改，可以进行增加字段、修改字段长度、修改字段数据类型、添加约束、删除约束和删除字段等操作。

（1）修改表名

在数据库中，可以通过表名来区分不同的表，因为表名在数据库中是唯一的。在 MySQL 数据库管理系统中，修改表名可以通过 SQL 语句 ALTER TABLE 来实现。其语法格式如下：

```
ALTER TABLE  old_table_name  RENAME [TO] new_table_name;
```

在上述语句中，old_table_name 表示要修改的表名，new_table_name 为修改后的新名称。所要操作的表对象必须已经存在在数据库中。

【例 4-8】将数据库 competition 中的 student 表改名为 stu 表。

```
ALTER TABLE student RENAME TO stu;
```

执行结果如图 4-8 所示。

```
mysql> alter table student rename to stu;
Query OK, 0 rows affected (0.05 sec)

mysql>
```

图 4-8　修改表名

（2）增加字段

字段由字段名和数据类型定义。

① 在表中的最后一个位置增加字段

在 MySQL 数据库管理系统中，增加字段可通过 SQL 语句 ALTER TABLE 来实现，其语法格式如下：

```
ALTER TABLE table_name
ADD 属性名 属性类型;
```

在上述语句中，table_name 表示所要修改的表的名称，"属性名"为所要增加的字段的名称，"属性类型"为所要增加的字段的数据类型。如果该语句执行成功，字段将增加到所有字段的最后一个位置。

【例 4-9】为例 4-5 中创建的 teacher 表增加 jobtime（入职时间）字段，其数据类型为日期型。

```
ALTER TABLE teacher
ADD COLUMN jobtime DATETIME;
```

然后，通过 DESC teacher 语句查看增加字段后的表。

执行结果如图 4-9 所示。

② 在表中的第一个位置增加字段

通过 ALTER TABLE 语句实现增加字段时，如果不想让所增加的字段在所有字段的最后一个位置，可以通过 FIRST 关键字使所增加的字段在表中所有字段的第一个位置，具体的语法格式如下：

```
ALTER TABLE table_name
ADD 属性名 属性类型 FIRST;
```

在上述语句中，多了一个关键字 FIRST，表示增加的字段在所有字段之前，即在表中第一个位置。

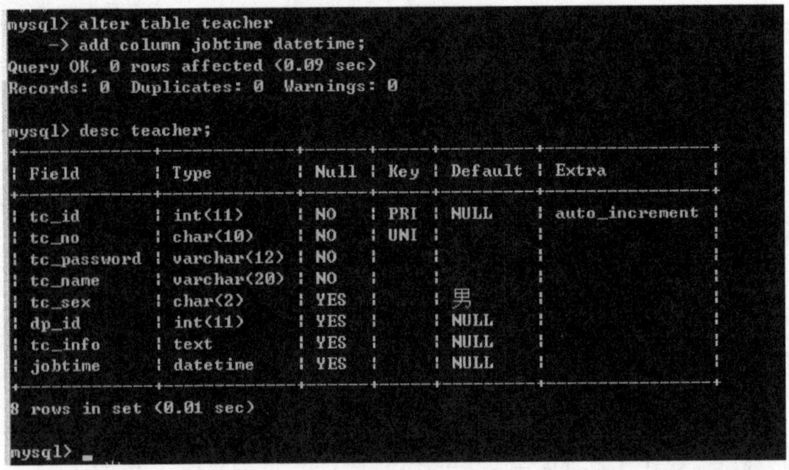

```
mysql> alter table teacher
    -> add column jobtime datetime;
Query OK, 0 rows affected (0.09 sec)
Records: 0  Duplicates: 0  Warnings: 0

mysql> desc teacher;
+-------------+-------------+------+-----+---------+----------------+
| Field       | Type        | Null | Key | Default | Extra          |
+-------------+-------------+------+-----+---------+----------------+
| tc_id       | int(11)     | NO   | PRI | NULL    | auto_increment |
| tc_no       | char(10)    | NO   | UNI |         |                |
| tc_password | varchar(12) | NO   |     |         |                |
| tc_name     | varchar(20) | NO   |     |         |                |
| tc_sex      | char(2)     | YES  |     | 男      |                |
| dp_id       | int(11)     | YES  |     | NULL    |                |
| tc_info     | text        | YES  |     | NULL    |                |
| jobtime     | datetime    | YES  |     | NULL    |                |
+-------------+-------------+------+-----+---------+----------------+
8 rows in set (0.01 sec)

mysql> _
```

图 4-9 增加字段 jobtime

【例 4-10】在 teacher 表的第一个位置增加 tc_type（教师类别）字段，其数据类型为字符型，长度为 10。

```
ALTER TABLE teacher
ADD tc_type VARCHAR(10) FIRST;
```

然后，通过 DESC teacher 语句查看增加字段后的表。

执行结果如图 4-10 所示。

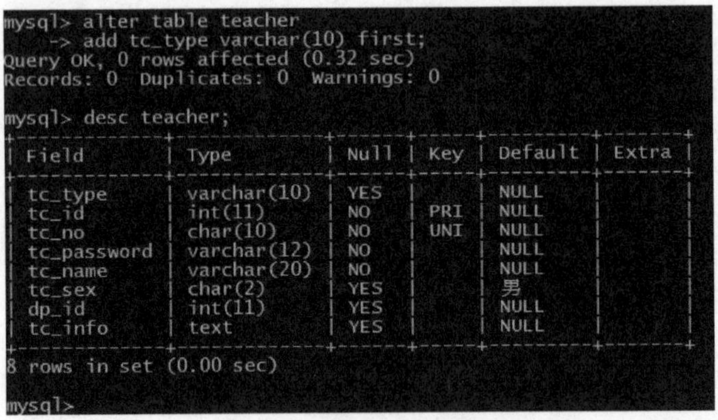

```
mysql> alter table teacher
    -> add tc_type varchar(10) first;
Query OK, 0 rows affected (0.32 sec)
Records: 0  Duplicates: 0  Warnings: 0

mysql> desc teacher;
+-------------+-------------+------+-----+---------+-------+
| Field       | Type        | Null | Key | Default | Extra |
+-------------+-------------+------+-----+---------+-------+
| tc_type     | varchar(10) | YES  |     | NULL    |       |
| tc_id       | int(11)     | NO   | PRI | NULL    |       |
| tc_no       | char(10)    | NO   | UNI | NULL    |       |
| tc_password | varchar(12) | NO   |     | NULL    |       |
| tc_name     | varchar(20) | NO   |     | NULL    |       |
| tc_sex      | char(2)     | YES  |     | 男      |       |
| dp_id       | int(11)     | YES  |     | NULL    |       |
| tc_info     | text        | YES  |     | NULL    |       |
+-------------+-------------+------+-----+---------+-------+
8 rows in set (0.00 sec)

mysql>
```

图 4-10 增加字段 tc_type

③ 在表的指定字段之后增加字段

通过 ALTER TABLE 语句实现增加字段时，除可以在表的第一个位置或最后一个位置增加字段外，还可以通过关键字 AFTER 在指定的字段之后增加字段，具体的语法格式如下：

```
ALTER TABLE table_name
ADD 属性名 属性类型
AFTER 属性名;
```

在上述语句中，多了一个关键字 AFTER，表示所有增加的字段在该关键字指定的字段之后。

【例 4-11】在 teacher 表中 tc_name 字段后增加 tc_title（职称）字段，其数据类型为字符型，长度为 20。

```
ALTER TABLE teacher
ADD tc_title VARCHAR(20)
AFTER tc_name;
```

然后，通过 DESC teacher 语句查看增加字段后的表。

执行结果如图 4-11 所示。

图 4-11　增加字段 tc_title

（3）修改字段

如果要实现修改字段，除可以修改字段名外，还可以修改字段所能存储的数据类型。由于一张表中常拥有许多字段，因此还可以实现修改字段的顺序。

① 修改字段的数据类型

在 MySQL 数据库管理系统中，修改数据类型通过 ALTER TABLE 语句实现，其语法格式如下：

```
ALTER TABLE table_name
    MODIFY 属性名 数据类型；
```

上述语句中，table_name 表示所要修改的表的名称，"属性名"为所要修改的字段名，"数据类型"为修改后的数据类型。

【例 4-12】将 teacher 表的 tc_name 字段长度改为 25。

```
ALTER TABLE teacher
    MODIFY COLUMN  tc_name VARCHAR(25);
```

然后，通过 DESC teacher 语句查看修改字段后的表。

执行结果如图 4-12 所示。

图 4-12　修改 tc_name 的字段长度

【例 4-13】将 teacher 表的 tc_id 字段的数据类型改为 SMALLINT。

```
ALTER TABLE teacher
MODIFY COLUMN  tc_id SMALLINT;
```

然后，通过 DESC teacher 语句查看修改字段后的表。

执行结果如图 4-13 所示。

```
mysql> alter table teacher
    -> modify column tc_id smallint;
Query OK, 0 rows affected (0.09 sec)
Records: 0  Duplicates: 0  Warnings: 0

mysql> desc teacher;
+-------------+-------------+------+-----+---------+-------+
| Field       | Type        | Null | Key | Default | Extra |
+-------------+-------------+------+-----+---------+-------+
| tc_id       | smallint(6) | NO   | PRI | 0       |       |
| tc_no       | char(10)    | NO   | UNI |         |       |
| tc_password | varchar(12) | NO   |     |         |       |
| tc_name     | varchar(25) | YES  |     | NULL    |       |
| tc_sex      | char(2)     | YES  |     | 男      |       |
| dp_id       | int(11)     | YES  |     | NULL    |       |
| tc_info     | text        | YES  |     | NULL    |       |
| jobtime     | datetime    | YES  |     | NULL    |       |
+-------------+-------------+------+-----+---------+-------+
8 rows in set (0.01 sec)
```

图 4-13　修改 tc_id 字段的数据类型

② 修改字段名称

在 MySQL 数据库管理系统中，修改字段名称通过 ALTER TABLE 语句实现，其语法格式如下：

```
ALTER TABLE table_name
CHANGE 旧属性名 新属性名 旧数据类型;
```

上述语句中，table_name 表示所要修改表的名称，“旧属性名”表示所要修改的字段名。“新属性名”表示修改后的字段名。

【例 4-14】将 teacher 表中的 tc_password 字段的名称改为 tc_pwd。

```
ALTER TABLE teacher
CHANGE tc_password tc_pwd VARCHAR (12);
```

然后，通过 DESC teacher 语句查看修改字段后的表。

执行结果如图 4-14 所示。

```
mysql> ALTER TABLE teacher
    -> CHANGE tc_password tc_pwd VARCHAR(12);
Query OK, 0 rows affected (0.38 sec)
Records: 0  Duplicates: 0  Warnings: 0

mysql> desc teacher;
+----------+-------------+------+-----+---------+-------+
| Field    | Type        | Null | Key | Default | Extra |
+----------+-------------+------+-----+---------+-------+
| tc_type  | varchar(10) | YES  |     | NULL    |       |
| tc_id    | int(11)     | NO   | PRI | NULL    |       |
| tc_no    | char(10)    | NO   | UNI | NULL    |       |
| tc_pwd   | varchar(12) | YES  |     | NULL    |       |
| tc_name  | varchar(20) | NO   |     | NULL    |       |
| tc_title | varchar(20) | YES  |     | NULL    |       |
| tc_sex   | char(2)     | YES  |     | 男      |       |
| dp_id    | int(11)     | YES  |     | NULL    |       |
| tc_info  | text        | YES  |     | NULL    |       |
+----------+-------------+------+-----+---------+-------+
9 rows in set (0.00 sec)

mysql>
```

图 4-14　修改 tc_password 字段名称

（4）删除字段

在修改表时，既可以进行字段的增加操作，也可以进行字段的删除操作。所谓删除字段，是指删除已经在表中定义好的某个字段。在 MySQL 数据库管理系统中，删除字段通过 ALTER TABLE 语句来实现，其语法格式如下：

```
ALTER TABLE table_name
DROP 属性名;
```

上述语句中，table_name 表示所要修改表的名称，“属性名”表示所要删除的字段名。

【例 4-15】 删除 teacher 表中的 tc_title 字段。

```
ALTER TABLE teacher
DROP tc_title;
```

然后，通过 DESC teacher 语句查看修改字段后的表。

执行结果如图 4-15 所示。

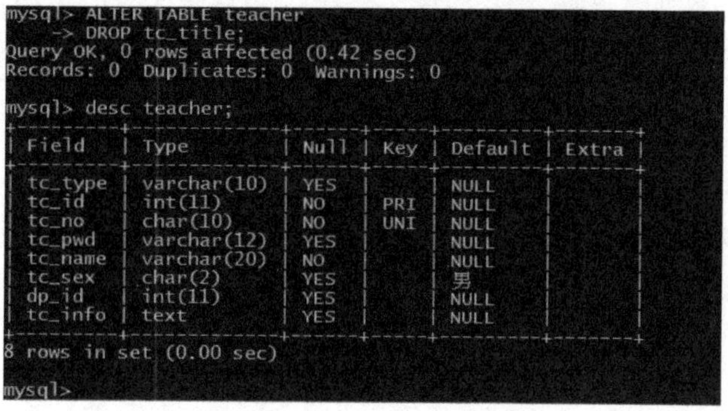

```
mysql> ALTER TABLE teacher
    -> DROP tc_title;
Query OK, 0 rows affected (0.42 sec)
Records: 0  Duplicates: 0  Warnings: 0

mysql> desc teacher;
+---------+-------------+------+-----+---------+-------+
| Field   | Type        | Null | Key | Default | Extra |
+---------+-------------+------+-----+---------+-------+
| tc_type | varchar(10) | YES  |     | NULL    |       |
| tc_id   | int(11)     | NO   | PRI | NULL    |       |
| tc_no   | char(10)    | NO   | UNI | NULL    |       |
| tc_pwd  | varchar(12) | YES  |     | NULL    |       |
| tc_name | varchar(20) | NO   |     | NULL    |       |
| tc_sex  | char(2)     | YES  |     | 男      |       |
| dp_id   | int(11)     | YES  |     | NULL    |       |
| tc_info | text        | YES  |     | NULL    |       |
+---------+-------------+------+-----+---------+-------+
8 rows in set (0.00 sec)

mysql>
```

图 4-15　删除 tc_title 字段

4．删除表

表的操作包括创建表、查看表、修改表和删除表。所谓删除表，是指删除数据库中已经存在的表。在具体删除表时，会直接删除表中所保存的所有数据，因此删除表时应该非常小心，确认是不需要的表再执行该操作。

删除表需要用到 DROP TABLE 语句，其语法格式如下：

```
DROP TABLE 表名;
```

【例 4-16】 删除 teacher 表。

```
DROP TABLE teacher;
```

执行结果如图 4-16 所示。

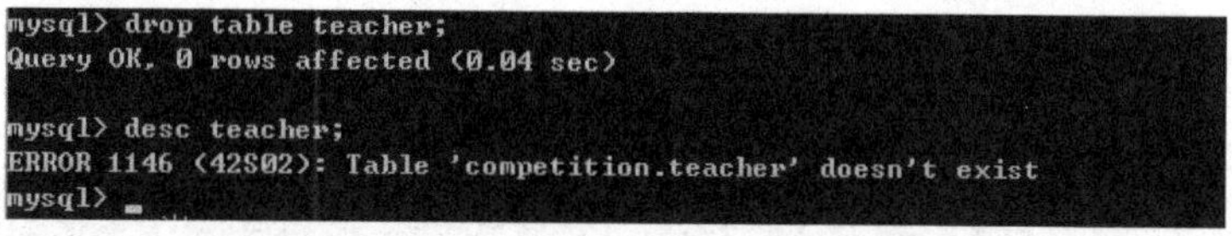

```
mysql> drop table teacher;
Query OK, 0 rows affected (0.04 sec)

mysql> desc teacher;
ERROR 1146 (42S02): Table 'competition.teacher' doesn't exist
mysql>
```

图 4-16　删除 teacher 表

四、任务总结

表是一种重要的数据库对象，存储数据库中的所有数据。一张表就是一个关系，表实质上就是行和列的集合，每行代表一条记录（元组），每列代表记录一个字段（属性）。每张表由若干行组成，表的第一行为各列标题，其余行都是数据。

本任务分为 4 个子任务，分别为创建表、查看表、修改表和删除表。创建表需要用到 CREATE TABLE 语句；创建表后可以通过 DESCRIBE、SHOW CREATE TABLE 语句查看表信息；然后，使用 ALTER TABLE 语句修改表结构，可以进行增加字段、修改字段长度、修改字段数据类型、删除字段等操作；最后使用 DROP TABLE 语句删除表。

任务三　数据管理

一、任务描述

创建数据表之后，为了能够实现对数据的处理，还需要进行数据管理。

二、任务分析

数据管理主要包括数据的增加、删除和修改等操作。可以通过 SQL 语句向数据库的数据表中添加新记录、修改或删除记录。同时，可以设置数据完整性约束，如建立主键来保证录入数据的唯一性；或设定数据范围，避免一些低级错误等。

三、任务完成

1. 向表中添加记录

在使用数据库之前，数据库中必须要有数据，MySQL 使用 INTERT 语句向数据表中插入新的数据记录。该 SQL 语句可以通过以下 4 种方式使用：

① 插入完整的数据记录；
② 插入数据记录的一部分；
③ 插入多条数据记录；
④ 插入另一张表的查询结果。

（1）插入完整的数据记录

使用基本的 INSERT 语句插入数据要求指定表名和插入新记录中的值。其基本语法格式如下：

```
INSERT INTO table_name (column_list) VALUES (value_list);
```

table_name 表示要插入数据的表名，column_list 表示要插入数据的字段，value_list 表示每个字段对应插入的数据。注意，使用该语句时，字段和数据值的数量必须相同。

【例 4-17】向 student 表中插入一行新记录，学号为 1601050907，密码为 970807，姓名为谢豪鸿，性别为男，班别为 09，系别为 02。

```
INSERT INTO student VALUES('1','1601050907','970807','谢豪鸿','男','09','02');
```

执行结果如图 4-17 所示。

```
mysql> INSERT INTO student VALUES('1','1601050907','970807','谢豪鸿','男','09','02');
Query OK, 1 row affected (0.02 sec)

mysql>
```

图 4-17　插入完整的数据记录

（2）插入数据记录的一部分

插入数据记录的一部分，即为表的指定字段插入数据，就是在 INSERT 语句中只向部分字段中插入值，而其他字段的值仍为表定义时的默认值。

【例 4-18】向 student 表中插入一行新记录，学号为 1601050908，姓名为钟楚楚，密码为 970908，性别为女。

```
    INSERT INTO student(st_no,st_name,st_password,st_sex)VALUES('1601050908',
'钟楚楚','970908','女');
```

执行结果如图 4-18 所示。

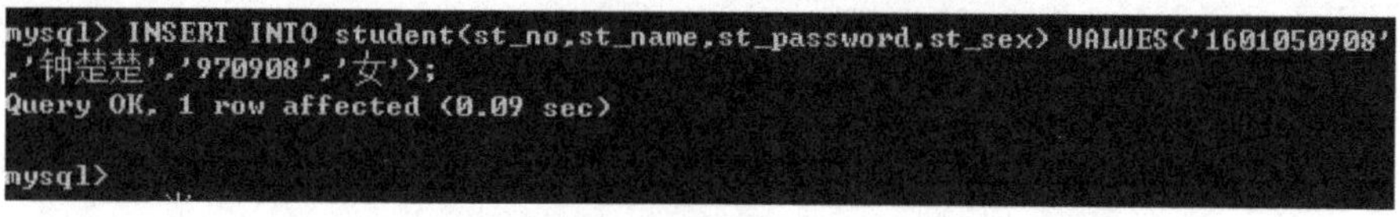

```
mysql> INSERT INTO student(st_no,st_name,st_password,st_sex) VALUES('1601050908'
,'钟楚楚','970908','女');
Query OK, 1 row affected (0.09 sec)

mysql>
```

图 4-18　插入数据记录的一部分

（3）插入多条数据记录

INSERT 语句可以同时向数据表中插入多条记录，插入时指定多个值列表，每个值列表之间用逗号分隔开，其语法格式如下：

```
INSERT INTO table_name(column_list)
VALUES(value_list1),(value_list2),…,(value_listn);
value_list1,value_list2,…,value_listn;
```

【例 4-19】在 teacher 表中，为 tc_id，tc_no，tc_password 和 tc_name 字段指定插入值，同时插入 3 条新记录。

```
INSERT INTO teacher(tc_id,tc_no,tc_pwd,tc_name)
VALUES(16, '1260', '251319', '赵明亮'),
(17, '1261', '251320', '张楚'),
(18, '1262', '251321', '丁香');
```

执行结果如图 4-19 所示。

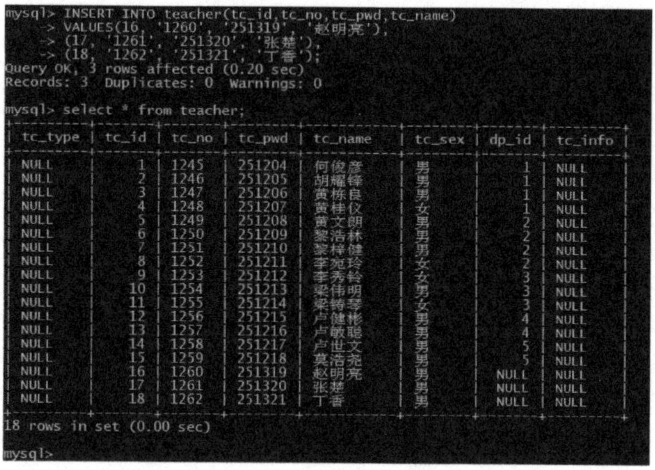

```
mysql> INSERT INTO teacher(tc_id,tc_no,tc_pwd,tc_name)
    -> VALUES(16, '1260', '251319', '赵明亮'),
    -> (17, '1261', '251320', '张楚'),
    -> (18, '1262', '251321', '丁香');
Query OK, 3 rows affected (0.20 sec)
Records: 3  Duplicates: 0  Warnings: 0

mysql> select * from teacher;
```

tc_type	tc_id	tc_no	tc_pwd	tc_name	tc_sex	dp_id	tc_info
NULL	1	1245	251204	何俊彦	男	1	NULL
NULL	2	1246	251205	胡耀锋	男	1	NULL
NULL	3	1247	251206	黄栋良	男	1	NULL
NULL	4	1248	251207	黄桂仪	女	1	NULL
NULL	5	1249	251208	黄文朗	男	2	NULL
NULL	6	1250	251209	黎浩林	男	2	NULL
NULL	7	1251	251210	黎梓健	男	2	NULL
NULL	8	1252	251211	李宛玲	女	2	NULL
NULL	9	1253	251212	李秀铃	女	3	NULL
NULL	10	1254	251213	梁伟明	男	3	NULL
NULL	11	1255	251214	梁绮琴	女	3	NULL
NULL	12	1256	251215	卢健彬	男	4	NULL
NULL	13	1257	251216	卢敏聪	男	4	NULL
NULL	14	1258	251217	卢世文	男	5	NULL
NULL	15	1259	251218	莫浩尧	男	5	NULL
NULL	16	1260	251319	赵明亮	男	NULL	NULL
NULL	17	1261	251320	张楚	男	NULL	NULL
NULL	18	1262	251321	丁香	男	NULL	NULL

```
18 rows in set (0.00 sec)

mysql>
```

图 4-19　插入多条数据记录

（4）插入另一张表的查询结果

INSERT 语句还可以将 SELECT 语句查询的结果插入表中，如果想从另外一张表中合并个人信息到 teacher 表，不需要将每条记录的值一个一个地输入，只需要使用一条 INSERT 语句和 SELECT 语句组成的组合语句，即可快速地从一张或多张表向一张表中插入多行。其语法格式如下：

```
INSERT INTO table_name1(column_list1)
SELECT column_list2 FROM table_name2 WHERE(condition);
```

table_name1 表示待插入数据的表；column_list1 表示待插入表中要插入数据的字段；table_name2 表示插入数据的数据来源表；column_list2 表示数据来源表的查询列，该列表必须和 column_list1 列表中的字段个数相同、数据类型相同，condititon 表示 SELECT 语句的查询条件。

【例 4-20】 创建一个名为 teacher_copy 的数据表，其表结构与 teacher 表相同，然后将 teacher 表中 tc_no 为 1251 的记录赋给 teacher_copy 表。

```
CREATE  TABLE  teacher_copy(
tc_id INT  NOT NULL PRIMARY KEY AUTO_INCREMENT,
tc_no CHAR(10)NOT NULL UNIQUE,
tc_password VARCHAR(12) NOT NULL,
tc_name VARCHAR(20) NOT NULL,
tc_sex CHAR(2) DEFAULT '男',
dp_id INT,
tc_info TEXT
)ENGINE=InnoDB DEFAULT CHARSET=utf8;
INSERT INTO teacher_copy(tc_no,tc_password,tc_name)
SELECT tc_no,tc_pwd,tc_name FROM teacher WHERE tc_no='1251';
```

执行结果如图 4-20 所示。

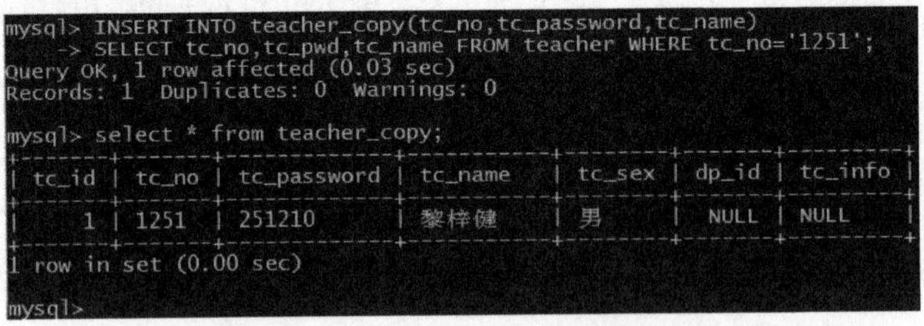

```
mysql> INSERT INTO teacher_copy(tc_no,tc_password,tc_name)
    -> SELECT tc_no,tc_pwd,tc_name FROM teacher WHERE tc_no='1251';
Query OK, 1 row affected (0.03 sec)
Records: 1  Duplicates: 0  Warnings: 0

mysql> select * from teacher_copy;
+-------+------+-------------+-----------+--------+-------+---------+
| tc_id | tc_no | tc_password | tc_name   | tc_sex | dp_id | tc_info |
+-------+------+-------------+-----------+--------+-------+---------+
|     1 | 1251 | 251210      | 黎梓健    | 男     |  NULL | NULL    |
+-------+------+-------------+-----------+--------+-------+---------+
1 row in set (0.00 sec)

mysql>
```

图 4-20　插入另一张表的查询结果

2．修改数据

表中有了数据之后，接下来可以对数据进行更新和修改，MySQL 中使用 UPDATE 语句修改表中的数据。修改数据可以只修改单条记录，也可修改多条记录甚至全部记录。

UPDATE 语句的语法格式如下：

```
UPDATE table_name
SET column_name1=value1, column_name2=value2,…,column_namen=valuen
WHERE(condition);
```

column_name1，column_name2，…，column_namen 为指定更新的字段的名称；value1，value2，…，valuen 为相对应的指定字段的更新值；condition 表示更新的记录需要满足的条件。更新多个字段时，每个“字段-值”对之间用逗号隔开，最后一个字段之后不需要逗号。

（1）修改单条记录

【例 4-21】 将 student 表中钟楚楚的班级修改为 2 班。

```
UPDATE student
SET class_id='02'
WHERE st_name='钟楚楚';
```

执行结果如图 4-21 所示。

图 4-21　修改单条记录

（2）修改多条记录

【例 4-22】将 department 表中的院系名"信息工程学院"改为"计算机系"。

　　UPDATE department
　　SET dp_name='计算机系'
　　WHERE dp_name='信息工程学院';

执行结果如图 4-22 所示。

图 4-22　修改多条记录

（3）修改全部记录

【例 4-23】将 project 表中的培训天数全部加 3 天。

　　UPDATE project
　　SET pr_days=pr_days+3;

执行结果如图 4-23 所示。

图 4-23　修改全部记录

3．删除数据

从数据表中删除数据使用 DELETE 语句，DELETE 语句允许 WHERE 子句指定删除条件。删除数据可以只删除单条记录，也可删除多条记录甚至是全部记录。DELETE 语句的语法格式如下：

　　DELETE FROM table_name[WHERE<condition>];

（1）删除单条记录

【例 4-24】删除 student 表中姓名为林伯文的学生。

　　DELETE FROM student WHERE st_name='林伯文';

执行结果如图 4-24 所示。

```
mysql> delete from student where st_name='林伯文';
Query OK, 1 row affected (0.04 sec)

mysql>
```

图 4-24　删除单条记录

（2）删除多条记录

【例 4-25】删除 student 表中 1 班的所有学生记录。

```
DELETE FROM student WHERE Class_id='01';
```

执行结果如图 4-25 所示。

```
mysql> delete from student where class_id='1';
Query OK, 15 rows affected (0.04 sec)

mysql>
```

图 4-25　删除多条记录

（3）删除全部记录

【例 4-26】删除 student 表的所有记录。

```
DELETE FROM student;
```

执行结果如图 4-26 所示。

```
mysql> delete from student;
Query OK, 29 rows affected (0.03 sec)

mysql>
```

图 4-26　删除全部记录

四、任务总结

表的数据管理包括添加数据、修改数据和删除数据。

向表中添加数据可以使用 INSERT 语句。本任务中通过插入完整数据记录、插入数据记录的一部分、插入多条数据记录和插入另一张表的查询结果 4 种方式，介绍了添加数据的操作。

当添加数据错误或者事务发生变化时，需要进行数据修改。本任务使用 UPDATE 语句，通过修改单条记录、修改多条记录和修改全部记录逐步介绍对数据的修改操作。

如果表中的某些记录不需要了，则可使用 DELETE 语句删除。本任务依次通过删除单条记录、删除多条记录和删除全部记录逐步介绍对数据的删除操作。

任务四　数据完整性

一、任务描述

在管理数据的过程中，有的字段必须有值，不能为空；有的字段的数据值只能在某个范围内；还有的字段值必须取自其他的表。数据的这些规律，使数据管理变得有章可循。在表结构上增加一些约束，实现某字段不能为空，或者若输入数据不在某个范围内，则提示用户，这就是数据完整性约束机制。

二、任务分析

数据完整性约束，可以在建立表结构时设置，也可以在建好的表上进行添加。在学生竞赛项目管理系统中，student 表中可以设置姓名、密码不能为空，学生编号为主键，性别只能取值为"男"

或"女"并且默认为"男"等约束;project 表中可以设置学生编号、项目号、教师编号为外键等约束。这样设置后,数据的准确性与一致性就得到了保障。

三、任务完成

1. 主键约束

主键,又称主码,是表中一个字段或多个字段的组合。主键约束要求主键的数据唯一,并且不允许为空。主键能够唯一地标识表中的一条记录,还可以结合外键来定义不同数据表之间的关系,并且可以加快数据库查询的速度。主键和记录的关系如同身份证和人之间的关系,它们是一一对应的。主键分为两种类型:单字段主键和多字段组合主键。

(1)创建表时设置单字段主键约束

【例 4-27】在 competition 数据库中创建 student 表,结构为 student(st_id, st_no, st_password, st_name, st_sex, class_id, dp_id),其中,st_id 为主键。

```
CREATE TABLE student
(
st_id INT PRIMARY KEY,
st_no CHAR(10) NOT NULL,
st_password CHAR(12) NOT NULL,
st_name VARCHAR(20) NOT NULL,
st_sex CHAR(2),
class_id INT,
dp_id CHAR(10)
);
```

创建表后,查看表结构,执行结果如图 4-27(a)所示。

若要为主键约束命名,则可以通过以下方式:

```
CREATE TABLE student
(
st_id INT,
st_no CHAR(10) NOT NULL,
st_password CHAR(12) NOT NULL,
st_name VARCHAR(20) NOT NULL,
st_sex CHAR(2),
class_id INT,
dp_id CHAR(10),
PRIMARY KEY pk_id(st_id)
);
```

创建表后,查看表结构,执行结果如图 4-27(b)所示。

(2)创建表时设置多字段组合主键约束

【例 4-28】在 competition 数据库中创建 st_project 表,结构为 st_project(st_pid, st_id, pr_id, tc_id),其中主键为 st_pid 和 st_id。

```
CREATE TABLE st_project
(
st_pid INT,
st_id INT,
pr_id INT,
```

```
    tc_id INT,
    PRIMARY KEY(st_pid,st_id)
);
```

创建表后，查看表结构，执行结果如图 4-28 所示。

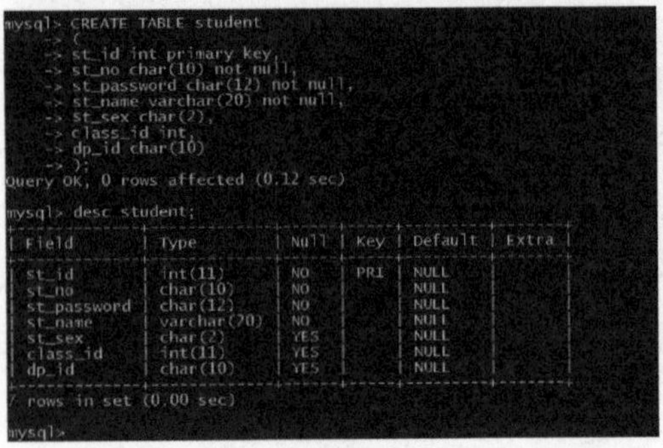

(a) 设置主键约束 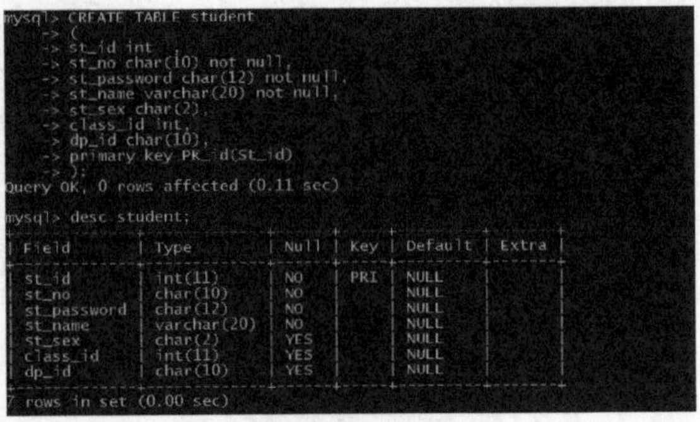   (b) 设置主键名

图 4-27　单字段主键约束

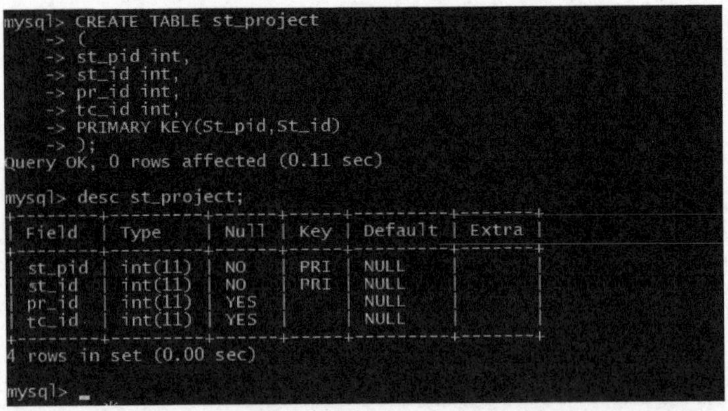

图 4-28　多字段组合主键约束

（3）修改表时添加主键约束

【例 4-29】为 competition 数据库中的 teacher 表添加主键约束 tc_id，约束名为 PK_id。

```
ALTER TABLE teacher
ADD CONSTRAINT PK_id PRIMARY KEY(tc_id);
```

执行结果如图 4-29 所示。

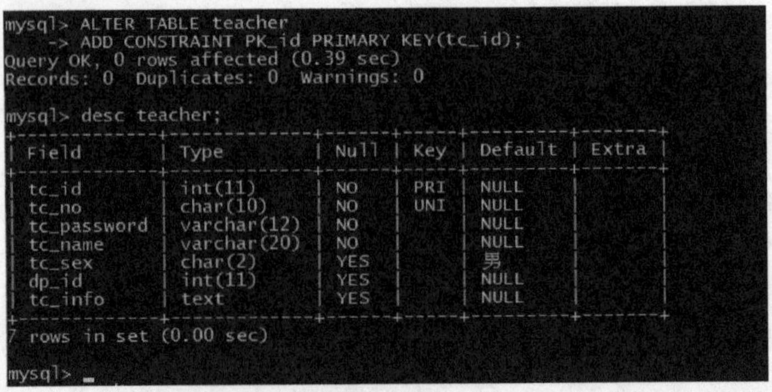

图 4-29　修改表时添加主键约束

2．外键约束

外键用于与另一张表关联，是能确定另一张表记录的字段，用于保持数据的一致性。例如，A 表中的一个字段，是 B 表的主键，那它就可以是 A 表的外键。

外键的取值为空值或参照的主键值。插入非空值时，如果主键表中没有这个值，则不能插入。更新时，不能改为主键表中没有的值。删除主键表记录时，可以在建立外键时选择外键记录与主键表记录一起级联删除还是拒绝删除。更新主键记录时，同样有级联更新和拒绝更新的选择。

（1）创建表时设置外键约束

【例 4-30】在 competition 数据库中创建 tc_project 表，结构为 tc_project（tc_pid，tc_id，pr_id），其中，外键为 tc_id。

```
CREATE TABLE  tc_project
(
tc_pid INT PRIMARY KEY,
tc_id INT,
pr_id INT,
CONSTRAINT for_id  FOREIGN KEY(tc_id) REFERENCES teacher(tc_id)
);
```

执行结果如图 4-30 所示。

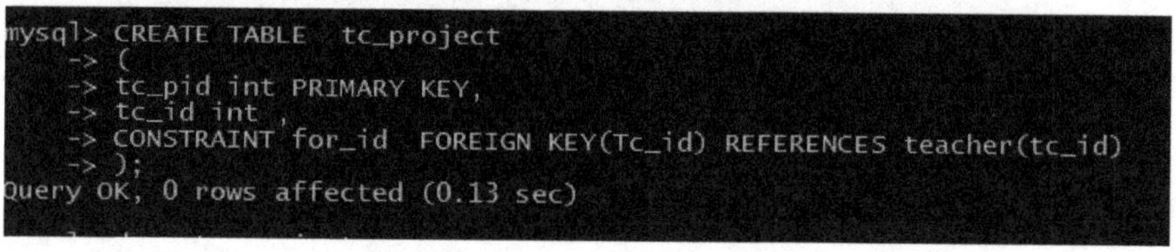

```
mysql> CREATE TABLE  tc_project
    -> (
    -> tc_pid int PRIMARY KEY,
    -> tc_id int ,
    -> CONSTRAINT for_id  FOREIGN KEY(Tc_id) REFERENCES teacher(tc_id)
    -> );
Query OK, 0 rows affected (0.13 sec)
```

图 4-30　创建表时设置外键约束

（2）修改表时添加外键约束

【例 4-31】为 competition 数据库中的 tc_project 表中的项目号 pr_id 建立外键约束，该列值参照 project 表中的项目号 pr_id。

```
ALTER TABLE tc_project
ADD CONSTRAINT for_pid FOREIGN KEY(pr_id)REFERENCES project(pr_id);
```

执行结果如图 4-31 所示。

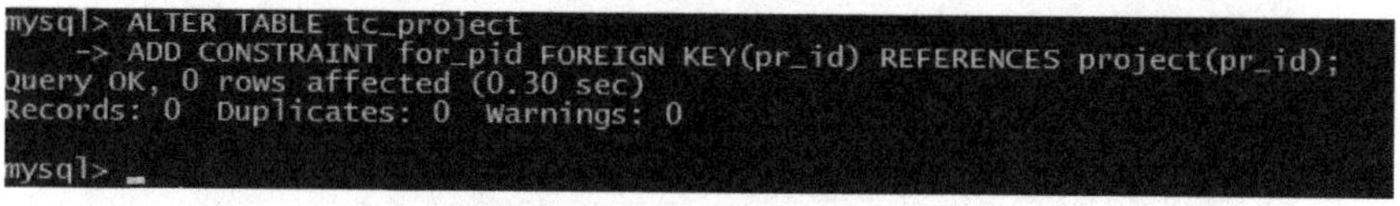

```
mysql> ALTER TABLE tc_project
    -> ADD CONSTRAINT for_pid FOREIGN KEY(pr_id) REFERENCES project(pr_id);
Query OK, 0 rows affected (0.30 sec)
Records: 0  Duplicates: 0  Warnings: 0

mysql> _
```

图 4-31　修改表时添加外键约束

3．唯一约束

唯一约束保证在一个字段或者多个字段中的数据与表中其他行的数据相比是唯一的。

（1）创建表时设置唯一约束

【例 4-32】在 competition 数据库中创建 student 表，结构为 student（st_id，st_no，st_password，st_name，st_sex，class_id，dp_id），其中，设置 st_no 为唯一约束。

```
CREATE TABLE student
(
st_id INT PRIMARY KEY,
```

```
    st_no CHAR(10) NOT NULL UNIQUE,
    st_password CHAR(12) NOT NULL,
    st_name VARCHAR(20) NOT NULL,
    st_sex CHAR(2),
    class_id INT,
    dp_id CHAR(10)
    );
```

执行结果如图 4-32 所示。

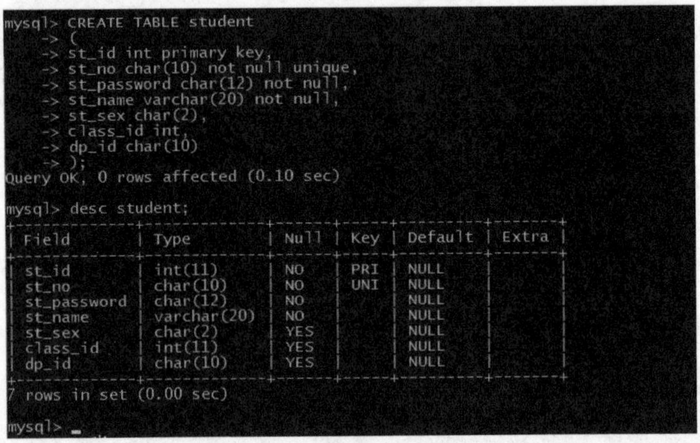

```
mysql> CREATE TABLE student
    -> (
    -> st_id int primary key,
    -> st_no char(10) not null unique,
    -> st_password char(12) not null,
    -> st_name varchar(20) not null,
    -> st_sex char(2),
    -> class_id int,
    -> dp_id char(10)
    -> );
Query OK, 0 rows affected (0.10 sec)

mysql> desc student;
+-------------+-------------+------+-----+---------+-------+
| Field       | Type        | Null | Key | Default | Extra |
+-------------+-------------+------+-----+---------+-------+
| st_id       | int(11)     | NO   | PRI | NULL    |       |
| st_no       | char(10)    | NO   | UNI | NULL    |       |
| st_password | char(12)    | NO   |     | NULL    |       |
| st_name     | varchar(20) | NO   |     | NULL    |       |
| st_sex      | char(2)     | YES  |     | NULL    |       |
| class_id    | int(11)     | YES  |     | NULL    |       |
| dp_id       | char(10)    | YES  |     | NULL    |       |
+-------------+-------------+------+-----+---------+-------+
7 rows in set (0.00 sec)

mysql> _
```

图 4-32　创建表时设置唯一约束

（2）修改表时添加唯一约束

【例 4-33】为 competition 数据库中的 teacher 表中的 tc_no 字段添加唯一约束。

```
    ALTER TABLE teacher
    ADD CONSTRAINT UNIQUE (tc_no);
```

执行结果如图 4-33 所示。

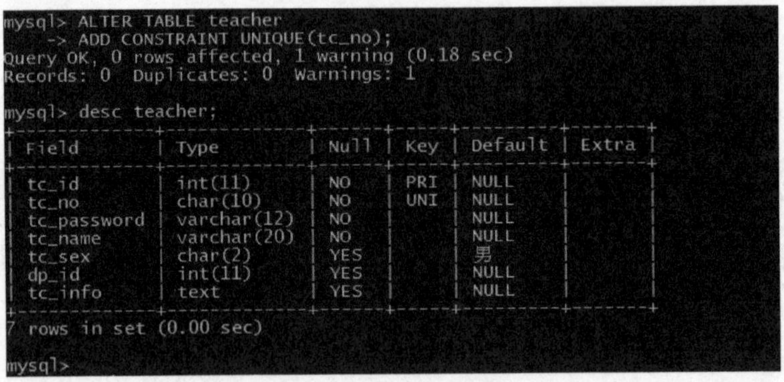

```
mysql> ALTER TABLE teacher
    -> ADD CONSTRAINT UNIQUE(tc_no);
Query OK, 0 rows affected, 1 warning (0.18 sec)
Records: 0  Duplicates: 0  Warnings: 1

mysql> desc teacher;
+-------------+-------------+------+-----+---------+-------+
| Field       | Type        | Null | Key | Default | Extra |
+-------------+-------------+------+-----+---------+-------+
| tc_id       | int(11)     | NO   | PRI | NULL    |       |
| tc_no       | char(10)    | NO   | UNI | NULL    |       |
| tc_password | varchar(12) | NO   |     | NULL    |       |
| tc_name     | varchar(20) | NO   |     | NULL    |       |
| tc_sex      | char(2)     | YES  |     | 男      |       |
| dp_id       | int(11)     | YES  |     | NULL    |       |
| tc_info     | text        | YES  |     | NULL    |       |
+-------------+-------------+------+-----+---------+-------+
7 rows in set (0.00 sec)

mysql>
```

图 4-33　修改表时添加唯一约束

4．非空约束

非空约束保护的字段必须要有数据值。

（1）创建表时设置非空约束

【例 4-34】在 competition 数据库中创建 class 表，结构为 class（class_id，class_id，class_name，class_grade，dp_id），其中，非空约束为 class_no，class_name 和 class_grade。

```
CREATE TABLE class
(
class_id INT,
class_no CHAR(10) NOT NULL,
class_name CHAR(20) NOT NULL,
class_grade CHAR(10) NOT NULL,
dp_id CHAR(10)
);
```

执行结果如图 4-34 所示。

图 4-34 创建表时设置非空约束

（2）修改表时添加非空约束

【例 4-35】为 competition 数据库中的 department 表中的 dp_name 字段添加非空约束。

```
ALTER TABLE department
MODIFY dp_name CHAR(16) NOT NULL;
```

执行结果如图 4-35 所示。

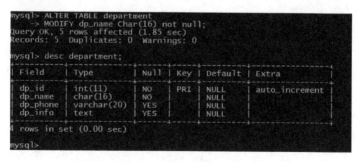

图 4-35 修改表时添加非空约束

5．检查约束

检查约束在表中定义一个对输入的数据按照设置的逻辑进行检查的标识符。一旦表中某字段设置了检查约束，则在向表中添加数据时，会使用这个约束对输入的数据进行逻辑检查。

（1）创建表时设置检查约束

【例 4-36】创建 project 表，限制培训天数 pr_days 只能在 0～30 之间。

```
CREATE TABLE  project(
pr_id INT PRIMARY KEY AUTO_INCREMENT,
```

```
    pr_name VARCHAR(50) NOT NULL,
    dp_id INT,
    dp_address VARCHAR(50),
    pr_time DATETIME,
    pr_trainaddress VARCHAR(50),
    pr_start DATETIME,
    pr_end DATETIME,
    pr_days INT CHECK(pr_days>=0 AND pr_days<=30),
    pr_info TEXT,
    pr_active CHAR(2)
);
```

执行结果如图 4-36 所示。

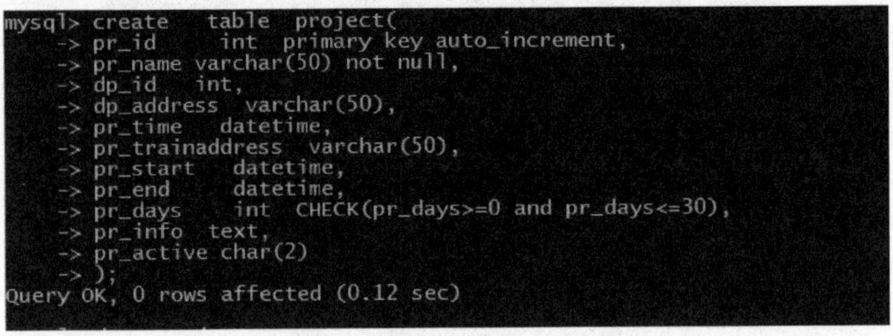

图 4-36 创建表时设置检查约束

（2）修改表时添加检查约束

【例 4-37】为 project 表中的 pr_days 字段添加检查约束，限制培训天数只能在 0~30 之间。

```
ALTER TABLE project
ADD CHECK (pr_days>=0 AND pr_days<=30);
```

执行结果如图 4-37 所示。

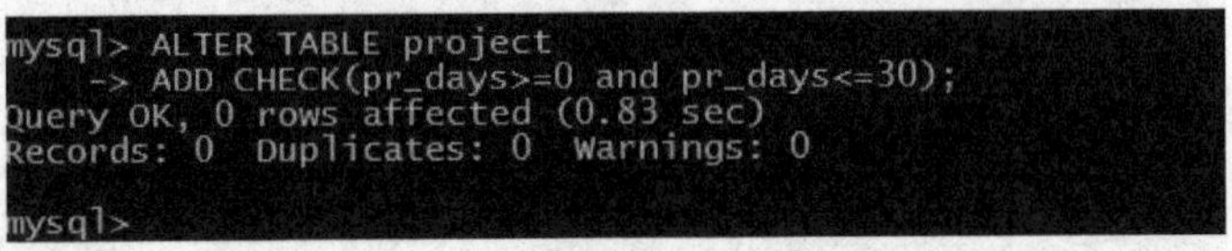

图 4-37 修改表时添加检查约束

6．默认值约束

DEFAULT 约束用于向字段中插入默认值。如果没有规定其他的值，那么会将默认值添加到所有的新记录中。默认值的使用减轻了数据添加的负担，它除了可以定义为指定值，还可以设置为当前时间。被设置默认值的字段最好不为空，否则系统将无法确定该字段在添加时是添加 NULL 还是默认值。

（1）创建表时设置默认值约束

【例 4-38】创建 student 表时，设置性别字段只能取"男"或"女"，且默认值为"男"。

```
CREATE TABLE student
(
    st_id INT,
    st_no CHAR(10) NOT NULL,
```

```
    st_password CHAR(12) NOT NULL,
    st_name VARCHAR(20) NOT NULL,
    st_sex  ENUM('男','女')  DEFAULT '男',
    class_id INT,
    dp_id CHAR(10),
    PRIMARY KEY PK_id(st_id)
    )ENGINE=InnoDB DEFAULT CHARSET=utf8;
```

执行结果如图 4-38 所示。

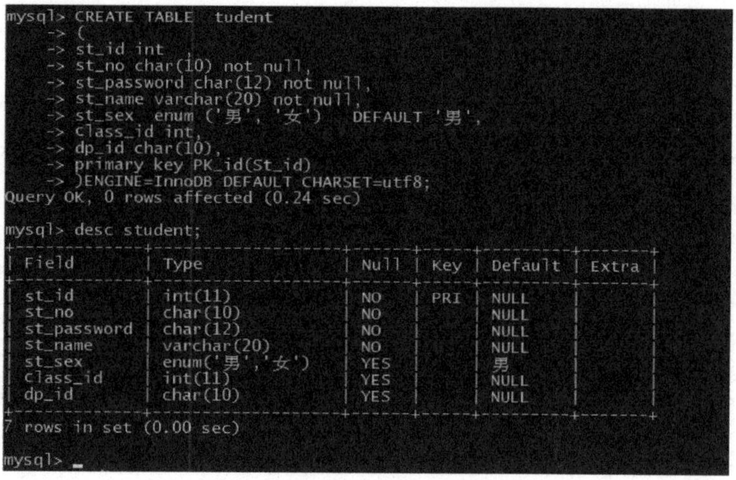

```
mysql> CREATE TABLE  tudent
    -> (
    -> st_id int ,
    -> st_no char(10) not null,
    -> st_password char(12) not null,
    -> st_name varchar(20) not null,
    -> st_sex  enum ('男', '女')   DEFAULT '男',
    -> class_id int,
    -> dp_id char(10),
    -> primary key PK_id(st_id)
    -> )ENGINE=InnoDB DEFAULT CHARSET=utf8;
Query OK, 0 rows affected (0.24 sec)

mysql> desc student;
+-------------+-----------------+------+-----+---------+-------+
| Field       | Type            | Null | Key | Default | Extra |
+-------------+-----------------+------+-----+---------+-------+
| st_id       | int(11)         | NO   | PRI | NULL    |       |
| st_no       | char(10)        | NO   |     | NULL    |       |
| st_password | char(12)        | NO   |     | NULL    |       |
| st_name     | varchar(20)     | NO   |     | NULL    |       |
| st_sex      | enum('男','女') | YES  |     | 男      |       |
| class_id    | int(11)         | YES  |     | NULL    |       |
| dp_id       | char(10)        | YES  |     | NULL    |       |
+-------------+-----------------+------+-----+---------+-------+
7 rows in set (0.00 sec)

mysql> _
```

图 4-38　创建表时设置默认值约束

（2）修改表时添加默认值约束

【例 4-39】将 student 表中的性别字段修改为只能取“男”或“女”，且默认值为“男”。

```
    ALTER TABLE student
    MODIFY  st_sex  enum ('男','女') DEFAULT '男';
```

执行结果如图 4-39 所示。

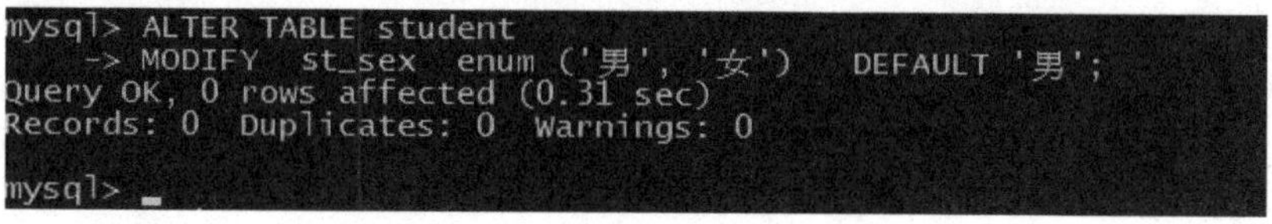

```
mysql> ALTER TABLE student
    -> MODIFY  st_sex  enum ('男', '女')   DEFAULT '男';
Query OK, 0 rows affected (0.31 sec)
Records: 0  Duplicates: 0  Warnings: 0

mysql> _
```

图 4-39　修改表时添加默认值约束

四、任务总结

本任务主要介绍数据完整性，数据完整性是指存储在数据库中的数据的一致性和准确性。在评价数据库的设计时，数据完整性是数据库设计好坏的一项重要指标。而约束是 MySQL 提供的一种自动保证数据完整性的方法，其可以在创建表时定义，也可以在修改表时添加，主要包括主键约束、外键约束、唯一约束、非空约束、检查约束和默认值约束。本任务通过依次实现以上 6 种约束，介绍数据完整性的相关知识。

主键约束的主键字段的数据类型不限，但此字段必须唯一并且非空，如该表中已有主键为 1000 的行，则不能再添加主键为 1000；程序不好控制的时候，也可以设置主键字段为自动增长列。

外键约束的用途是确保数据的完整性。它通常包括以下 3 种：实体完整性，确保每个实体是唯一的（通过主键来实施）；域完整性，确保字段值只从一套特定可选的集合中选择；关联完整性，确保每个外键的值或是 NULL（如果允许的话），或是与相关主键值相匹配的值。

唯一约束保证在一个字段或者多个字段中的数据与表中其他行的数据相比是唯一的。

非空约束保证字段的值不能为空，如果为空，则报错。

检查约束保证能够实现范围规定、枚举值规定和特定匹配中的数据满足约束要求。

默认值约束用于向字段中插入默认值。如果没有规定其他的值，那么会将默认值添加到所有的新记录中。

实践训练

【实践任务 1】

创建数据库 Library，在 Libaray 中创建数据表 books，books 表的结构如表 4-8 所示，按要求进行操作。

表 4-8 books 表结构

字段名	数据类型	主键	外键	非空	唯一	自增
b_id	INT(11)	是	否	是	是	是
b_name	VARCHAR(50)	否	否	是	否	否
b_author	VARCHAR(50)	否	否	否	否	否
b_press	VARCHAR(50)	否	否	否	否	否
b_time	DATETIME	否	否	否	否	否

（1）创建数据库 Libaray。

（2）创建数据表 books，在 b_id 字段上添加主键约束和自动增长，在 b_name 字段上添加非空约束。

（3）将 b_author 字段的数据类型改为 VARCHAR(70)。

（4）增加 b_Bid 字段，数据类型为 VARCHAR(50)。

（5）将表名修改为 books_info。

（6）删除字段 b_press。

【实践任务 2】

在数据库 Library 中创建数据表 borrow，borrow 表的结构如表 4-9 所示，按要求进行操作。

表 4-9 borrow 表结构

字段名	数据类型	主键	外键	非空	唯一	自增
bw_id	INT(11)	是	否	是	是	是
b_id	INT(11)	否	是	否	否	否
bw_time	DATETIME	否	否	否	否	否

（1）创建数据表 borrow，在 bw_id 字段上添加主键约束和自动增长，在 b_id 字段上添加外键约束，关联 books 表中的主键 b_id。

（2）修改字段名称，将 bw_time 改为 bw_date。

（3）添加 stu_id 字段到 bw_id 后面，数据类型为 VARCHAR(12)。

（4）删除 borrow 表的外键约束，然后删除表 books。

项目五　数据查询

学习目标	
项目任务	任务一　简单查询 任务二　连接查询 任务三　子查询
知识目标	（1）了解简单查询和复合查询 （2）掌握模糊查询的用法 （3）掌握内连接、左外连接、右外连接和全连接查询的用法 （4）掌握连接查询和子查询的区别
能力目标	（1）能够完成关于表的行和列的查询 （2）能够使用模糊查询 （3）能够实现内连接查询 （4）能够实现外连接查询
素质目标	（1）培养学生的编程能力和业务素质 （2）培养学生自我学习的习惯、爱好和能力 （3）培养学生的科学精神和态度

任务一　简单查询

一、任务描述

在数据库应用中，最常用的操作就是查询，它也是数据库其他操作的基础。数据查询不应只是简单返回数据库中存储的数据，还应该根据需要对数据进行筛选，以及确定数据以什么样的格式显示。简单查询的范围通常只涉及一张表。下面根据要求分别从学生竞赛项目管理系统中查找相关数据的信息。

二、任务分析

在学生竞赛项目管理系统中，学生需要在数据表中查询自己参加竞赛的信息，教师需要查询指导学生的信息。在 MySQL 中，使用 SELECT 语句不仅能够从数据表中查询所需要的数据，也可以进行数据的统计汇总，将查询的数据以用户规定的格式整理，并返回给用户。

三、任务完成

1. 选择字段查询

选择表中指定字段可以是选择表中的所有字段进行显示，如果有些字段在本次查询中无关紧要，也可以只查询部分字段。

（1）查询所有字段

SELECT 查询最简单的形式是从一张表中检索所有记录，实现的方法是使用星号（*）通配符指定查找所有列字段名称。语法格式如下：

```
SELECT * FROM 表名;
```

【例 5-1】 查询 student 表中所有学生的详细信息。

```
SELECT * FROM student;
```

执行结果如图 5-1 所示。

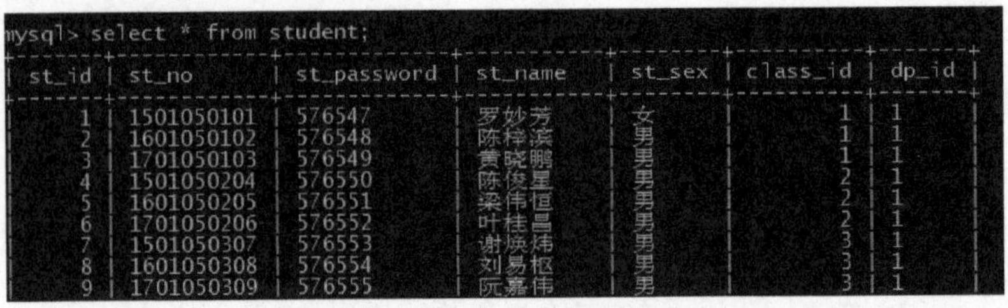

```
mysql> select * from student;
+-------+------------+-------------+---------+--------+----------+-------+
| st_id | st_no      | st_password | st_name | st_sex | class_id | dp_id |
+-------+------------+-------------+---------+--------+----------+-------+
|     1 | 1501050101 | 576547      | 罗妙芳  | 女     |        1 | 1     |
|     2 | 1601050102 | 576548      | 陈梓滨  | 男     |        1 | 1     |
|     3 | 1701050103 | 576549      | 黄晓鹏  | 男     |        1 | 1     |
|     4 | 1501050204 | 576550      | 陈俊星  | 男     |        2 | 1     |
|     5 | 1601050205 | 576551      | 梁伟恒  | 男     |        2 | 1     |
|     6 | 1701050206 | 576552      | 叶桂昌  | 男     |        2 | 1     |
|     7 | 1501050307 | 576553      | 谢焕炜  | 男     |        3 | 1     |
|     8 | 1601050308 | 576554      | 刘易枢  | 男     |        3 | 1     |
|     9 | 1701050309 | 576555      | 阮嘉伟  | 男     |        3 | 1     |
```

图 5-1 查询所有学生信息

【例 5-2】 查询 teacher 表中所有教师的详细信息。

```
SELECT * FROM teacher;
```

执行结果如图 5-2 所示。

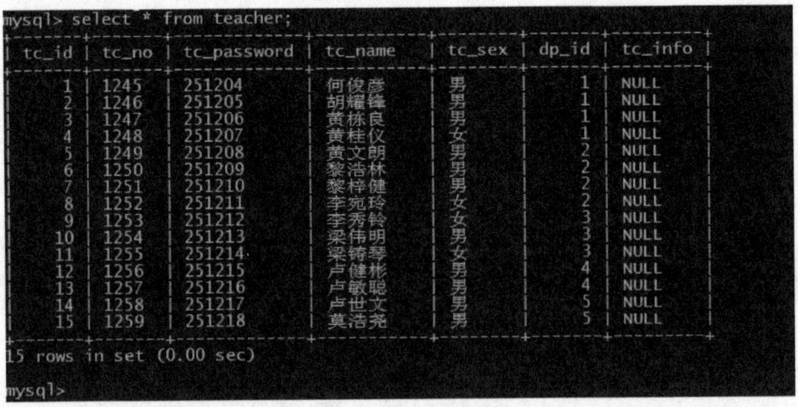

```
mysql> select * from teacher;
+-------+-------+-------------+---------+--------+-------+---------+
| tc_id | tc_no | tc_password | tc_name | tc_sex | dp_id | tc_info |
+-------+-------+-------------+---------+--------+-------+---------+
|     1 | 1245  | 251204      | 何俊彦  | 男     |     1 | NULL    |
|     2 | 1246  | 251205      | 胡耀锋  | 男     |     1 | NULL    |
|     3 | 1247  | 251206      | 黄栋良  | 男     |     1 | NULL    |
|     4 | 1248  | 251207      | 黄桂仪  | 女     |     1 | NULL    |
|     5 | 1249  | 251208      | 黄文朗  | 男     |     2 | NULL    |
|     6 | 1250  | 251209      | 黎浩林  | 男     |     2 | NULL    |
|     7 | 1251  | 251210      | 黎梓健  | 男     |     2 | NULL    |
|     8 | 1252  | 251211      | 李宛玲  | 女     |     2 | NULL    |
|     9 | 1253  | 251212      | 李秀铃  | 女     |     3 | NULL    |
|    10 | 1254  | 251213      | 梁伟明  | 男     |     3 | NULL    |
|    11 | 1255  | 251214      | 梁锖琴  | 女     |     3 | NULL    |
|    12 | 1256  | 251215      | 卢健彬  | 男     |     4 | NULL    |
|    13 | 1257  | 251216      | 卢敏聪  | 男     |     4 | NULL    |
|    14 | 1258  | 251217      | 卢世文  | 男     |     5 | NULL    |
|    15 | 1259  | 251218      | 莫浩尧  | 男     |     5 | NULL    |
+-------+-------+-------------+---------+--------+-------+---------+
15 rows in set (0.00 sec)

mysql>
```

图 5-2 查询所有教师信息

在以上查询过程中，没有使用到查询条件，并且查询到的是表中的全部信息，所以也称全表查询。一般情况下，除非需要使用表中所有的字段数据，最好不要使用通配符“*”。使用通配符虽然可以节省输入查询语句的时间，但是获取不需要的字段数据通常会降低查询和所使用的应用程序的效率。使用通配符的优势是，当用户不知道所需要的字段名称时，可以通过它获取它们。

（2）查询部分字段

使用 SELECT 语句，可以获取多个字段下的数据，只需要在关键字 SELECT 后面指定要查找的字段的名称，不同字段名称之间用逗号（,）分隔开，最后一个字段后面不需要加逗号，语法格式如下：

```
SELECT 字段1, 字段2, …, 字段n  FROM 表名;
```

【例 5-3】 查询 student 表中学生的学号和姓名。

```
SELECT st_no,st_name FROM student;
```

执行结果如图 5-3 所示。

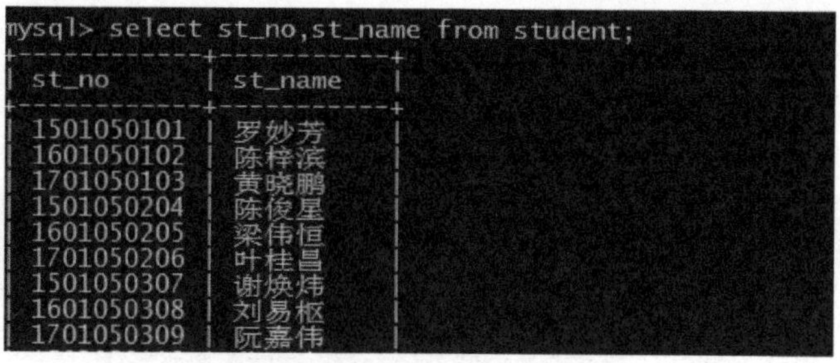

```
mysql> select st_no,st_name from student;
+------------+----------+
| st_no      | st_name  |
+------------+----------+
| 1501050101 | 罗妙芳   |
| 1601050102 | 陈梓滨   |
| 1701050103 | 黄晓鹏   |
| 1501050204 | 陈俊星   |
| 1601050205 | 梁伟恒   |
| 1701050206 | 叶桂昌   |
| 1501050307 | 谢焕炜   |
| 1601050308 | 刘易枢   |
| 1701050309 | 阮嘉伟   |
```

图 5-3　查询学生的学号和姓名

【例 5-4】查询 teacher 表中所有教师的姓名和简历。

```
SELECT tc_name,tc_info FROM teacher;
```

执行结果如图 5-4 所示。

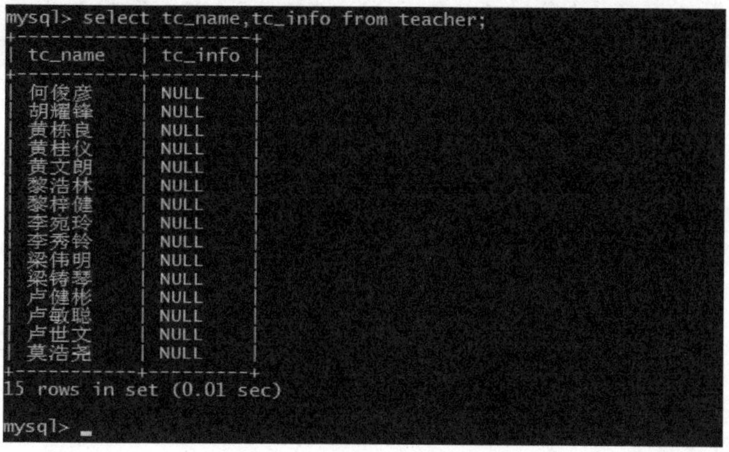

```
mysql> select tc_name,tc_info from teacher;
+-----------+---------+
| tc_name   | tc_info |
+-----------+---------+
| 何俊彦    | NULL    |
| 胡耀锋    | NULL    |
| 黄栋良    | NULL    |
| 黄桂仪    | NULL    |
| 黄文朗    | NULL    |
| 黎浩林    | NULL    |
| 黎梓健    | NULL    |
| 李宛玲    | NULL    |
| 李秀铃    | NULL    |
| 梁伟明    | NULL    |
| 梁铸琴    | NULL    |
| 卢健彬    | NULL    |
| 卢敏聪    | NULL    |
| 卢世文    | NULL    |
| 莫浩尧    | NULL    |
+-----------+---------+
15 rows in set (0.01 sec)

mysql> _
```

图 5-4　查询教师的姓名和简历

SELECT 子句后的目标表达式字段的先后顺序可以与表中的顺序不一致，显示顺序的改变并不影响表中字段的原始顺序。

（3）为字段取别名

在有些情况下，显示的字段名称会很长或者名称不够直观，MySQL可以指定字段别名，替换字段或表达式。为字段取别名的基本语法格式为：

```
字段名 [AS] 字段别名
```

“字段名”为表中字段定义的名称，“字段别名”为字段新的名称，AS 关键字为可选参数。

【例 5-5】查询 student 表中所有学生的学号、姓名和班别，要求字段名为汉字形式。

```
SELECT  st_no  AS 学号,st_name  AS 姓名,class_id  AS 班别 FROM student;
```

执行结果如图 5-5 所示。

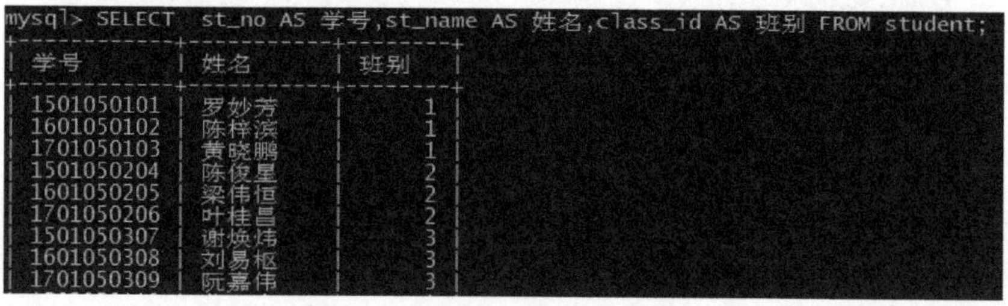

```
mysql> SELECT  st_no AS 学号,st_name AS 姓名,class_id AS 班别 FROM student;
+------------+------------+--------+
| 学号       | 姓名       | 班别   |
+------------+------------+--------+
| 1501050101 | 罗妙芳     |      1 |
| 1601050102 | 陈梓滨     |      1 |
| 1701050103 | 黄晓鹏     |      1 |
| 1501050204 | 陈俊星     |      2 |
| 1601050205 | 梁伟恒     |      2 |
| 1701050206 | 叶桂昌     |      2 |
| 1501050307 | 谢焕炜     |      3 |
| 1601050308 | 刘易枢     |      3 |
| 1701050309 | 阮嘉伟     |      3 |
```

图 5-5　用汉字形式显示字段名

【例 5-6】查询 teacher 表中所有教师的工号、姓名和性别，要求字段名为汉字形式。

```
SELECT  tc_no 教师工号, tc_name 姓名, tc_sex 性别 FROM teacher;
```

执行结果如图 5-6 所示。

```
mysql> SELECT  tc_no 教师工号,tc_name 姓名,tc_sex 性别 FROM teacher;
+----------+--------+------+
| 教师工号 | 姓名   | 性别 |
+----------+--------+------+
| 1245     | 何俊彦 | 男   |
| 1246     | 胡耀锋 | 男   |
| 1247     | 黄栋良 | 男   |
| 1248     | 黄桂仪 | 女   |
| 1249     | 黄文朗 | 男   |
| 1250     | 黎浩林 | 男   |
| 1251     | 黎梓健 | 男   |
| 1252     | 李宛玲 | 女   |
| 1253     | 李秀铃 | 女   |
| 1254     | 梁伟明 | 男   |
| 1255     | 梁铸琴 | 女   |
| 1256     | 卢健彬 | 男   |
| 1257     | 卢敏聪 | 男   |
| 1258     | 卢世文 | 男   |
| 1259     | 莫浩尧 | 男   |
+----------+--------+------+
15 rows in set (0.00 sec)

mysql>
```

图 5-6　用汉字形式显示字段名

以上两种方法都可以实现字段别名，也就是说，AS 可以省略，但建议不要省略 AS 关键字。

2．选择行查询

选择行查询就是通过某些条件进行查询，从而查询出相应的记录，通常会将相应的查询条件放到 WHERE 子句中。语法格式如下：

```
SELECT 字段 1,字段 2,…,字段 n
FROM 表名
WHERE 查询条件;
```

（1）简单条件查询

简单条件查询时，只有一个查询条件。

【例 5-7】查询 student 表中班级号为 01 的所有学生信息。

```
SELECT * FROM student  WHERE class_id='01';
```

执行结果如图 5-7 所示。

```
mysql> SELECT * FROM student  WHERE class_id='01';
+-------+------------+-------------+---------+--------+----------+-------+
| st_id | st_no      | st_password | st_name | st_sex | class_id | dp_id |
+-------+------------+-------------+---------+--------+----------+-------+
|     1 | 1501050101 | 576547      | 罗妙芳  | 女     |        1 | 1     |
|     2 | 1601050102 | 576548      | 陈梓滨  | 男     |        1 | 1     |
|     3 | 1701050103 | 576549      | 黄晓鹏  | 男     |        1 | 1     |
|    10 | 1502050110 | 576556      | 黎丽青  | 女     |        1 | 2     |
|    11 | 1602050111 | 576557      | 蔡佳苇  | 女     |        1 | 2     |
|    12 | 1702050112 | 576558      | 韩振宇  | 男     |        1 | 2     |
|    18 | 1703050118 | 576564      | 唐国源  | 男     |        1 | 3     |
|    19 | 1503050119 | 576565      | 赵剑锋  | 男     |        1 | 3     |
|    20 | 1603050120 | 576566      | 刘子健  | 男     |        1 | 3     |
|    26 | 1604050126 | 576572      | 丁文龙  | 男     |        1 | 4     |
|    27 | 1704050127 | 576573      | 林一粤  | 男     |        1 | 4     |
|    28 | 1504050128 | 576574      | 吴智达  | 男     |        1 | 4     |
|    29 | 1604050129 | 576575      | 姚锦峰  | 男     |        1 | 4     |
|    30 | 1704050130 | 576576      | 杨梓健  | 男     |        1 | 4     |
|    35 | 1605050135 | 576581      | 陈润杰  | 男     |        1 | 5     |
+-------+------------+-------------+---------+--------+----------+-------+
15 rows in set (0.00 sec)

mysql>
```

图 5-7　简单条件查询

（2）复合条件查询

复合条件查询通常使用 AND 或者 OR 连接多个查询条件。其中，AND 表示前后两个查询条件要同时成立，OR 表示前后两个查询条件其中之一成立即可。OR 可以和 AND 一起使用，但是在使用时要注意两者的优先级，由于 AND 的优先级高于 OR，因此先对 AND 两边的操作数进行操作，再与 OR 中的操作数结合。

语法格式如下：

```
SELECT 字段 1,字段 2,…,字段 n
FROM 表名
WHERE 查询条件 1 AND 查询条件 2 AND … AND 查询条件 n;
```

【例 5-8】查询 student 表中 1 班所有男学生的信息。

```
SELECT  * FROM student  WHERE class_id='01' AND st_sex='男';
```

执行结果如图 5-8 所示。

```
mysql> SELECT  * FROM student  WHERE class_id='01' AND st_sex='男';
+-------+------------+-------------+---------+--------+----------+-------+
| st_id | st_no      | st_password | st_name | st_sex | class_id | dp_id |
+-------+------------+-------------+---------+--------+----------+-------+
|     2 | 1601050102 | 576548      | 陈梓滨  | 男     |        1 | 1     |
|     3 | 1701050103 | 576549      | 黄晓鹏  | 男     |        1 | 1     |
|    12 | 1702050112 | 576558      | 韩振宇  | 男     |        1 | 2     |
|    18 | 1703050118 | 576564      | 唐国源  | 男     |        1 | 3     |
|    19 | 1503050119 | 576565      | 赵剑锋  | 男     |        1 | 3     |
|    20 | 1603050120 | 576566      | 刘子健  | 男     |        1 | 3     |
|    26 | 1604050126 | 576572      | 丁文龙  | 男     |        1 | 4     |
|    27 | 1704050127 | 576573      | 林一粤  | 男     |        1 | 4     |
|    28 | 1504050128 | 576574      | 吴智达  | 男     |        1 | 4     |
|    29 | 1604050129 | 576575      | 姚锦峰  | 男     |        1 | 4     |
|    30 | 1704050130 | 576576      | 杨梓健  | 男     |        1 | 4     |
|    35 | 1605050135 | 576581      | 陈润杰  | 男     |        1 | 5     |
+-------+------------+-------------+---------+--------+----------+-------+
12 rows in set (0.00 sec)

mysql>
```

图 5-8　查询 1 班所有男学生的信息

【例 5-9】在 class 表中查询 1 班和 2 班的班级信息。

```
SELECT * FROM class WHERE class_no='1' OR class_no='2';
```

执行结果如图 5-9 所示。

```
mysql> SELECT  * FROM class  WHERE class_no='1' OR class_no='2';
+----------+----------+------------+-------------+-------+
| class_id | class_no | class_name | class_grade | dp_id |
+----------+----------+------------+-------------+-------+
|        1 | 1        | 计算机应用 | 15          | 1     |
|        2 | 1        | 计算机应用 | 16          | 1     |
|        3 | 1        | 计算机应用 | 17          | 1     |
|        4 | 2        | 计算机应用 | 15          | 1     |
|        5 | 2        | 计算机应用 | 16          | 1     |
|        6 | 2        | 计算机应用 | 17          | 1     |
|       10 | 1        | 工商管理   | 15          | 2     |
|       11 | 1        | 工商管理   | 16          | 2     |
|       12 | 1        | 工商管理   | 17          | 2     |
|       13 | 2        | 工商管理   | 15          | 2     |
|       14 | 2        | 工商管理   | 16          | 2     |
|       15 | 2        | 工商管理   | 17          | 2     |
|       19 | 1        | 机械工程   | 15          | 3     |
|       20 | 1        | 机械工程   | 16          | 3     |
|       21 | 1        | 机械工程   | 17          | 3     |
|       22 | 2        | 机械工程   | 15          | 3     |
|       23 | 2        | 机械工程   | 16          | 3     |
|       24 | 2        | 机械工程   | 17          | 3     |
|       28 | 1        | 广告设计   | 15          | 4     |
|       29 | 1        | 广告设计   | 16          | 4     |
|       30 | 1        | 广告设计   | 17          | 4     |
|       31 | 2        | 广告设计   | 15          | 4     |
|       32 | 2        | 广告设计   | 16          | 4     |
|       33 | 2        | 广告设计   | 17          | 4     |
|       37 | 1        | 土木工程   | 15          | 5     |
|       38 | 1        | 土木工程   | 16          | 5     |
|       39 | 1        | 土木工程   | 17          | 5     |
|       40 | 2        | 土木工程   | 15          | 5     |
|       41 | 2        | 土木工程   | 16          | 5     |
|       42 | 2        | 土木工程   | 17          | 5     |
+----------+----------+------------+-------------+-------+
30 rows in set (0.00 sec)

mysql>
```

图 5-9　查询班级信息

（3）指定范围查询

指定范围查询表示要查询的记录在指定的条件范围内或者不在指定的条件范围内，使用[NOT] BETWEEN...AND 来查询（不在）某个范围内的值，该操作符需要两个参数，即范围的开始值和结束值，如果字段值满足指定的范围查询条件，则这些记录将被返回。语法格式如下：

```
SELECT 字段1,字段2,…,字段n
FROM 表名
WHERE 查询条件 [not] BETWEEN 开始值 AND 结束值;
```

【例 5-10】在 project 表中查询培训天数在 7 到 14 天的竞赛项目名称。

```
SELECT pr_name FROM project WHERE pr_days BETWEEN '7' AND '14';
```

执行结果如图 5-10 所示。

```
mysql> SELECT pr_name FROM project WHERE pr_days BETWEEN '7' AND '14';
+--------------------------------+
| pr_name                        |
+--------------------------------+
| 蓝桥杯                         |
| 大学生工程训练综合能力竞赛     |
+--------------------------------+
2 rows in set (0.18 sec)

mysql>
```

图 5-10 查询竞赛项目

（4）模糊条件查询

在前面的查询操作中，介绍了如何查询多个字段的记录，如何进行比较查询或者查询一条条件范围内的记录。如果要查找所有包含字符“陈”的学生名字，该如何查找呢？简单的比较操作在这里已经行不通了，需要使用通配符进行匹配查找，通过创建查找模式对表中的数据进行比较。执行这个任务的关键字是 LIKE。

通配符是一种在 SQL 的 WHERE 条件子句中拥有特殊意思的字符，SQL 语句中支持多重通配符。一般情况下，模糊条件查询的语法格式如下：

```
SELECT 字段 FROM 表 WHERE 某字段 LIKE 条件;
```

其中，关于“条件”，SQL 提供了 4 种匹配模式。

① %：匹配任意长度的字符，甚至包括零字符。

【例 5-11】查询 student 表中姓陈的学生信息。

```
SELECT * FROM student WHERE st_name LIKE '陈%';
```

执行结果如图 5-11 所示。

```
mysql> select * from student where st_name like '陈%';
+-------+------------+-------------+----------+--------+----------+-------+
| st_id | st_no      | st_password | st_name  | st_sex | class_id | dp_id |
+-------+------------+-------------+----------+--------+----------+-------+
|     2 | 1601050102 | 576548      | 陈梓滨   | 男     |        1 | 1     |
|     4 | 1501050204 | 576550      | 陈俊星   | 男     |        2 | 1     |
|    35 | 1605050135 | 576581      | 陈润杰   | 男     |        1 | 5     |
|    37 | 1505050237 | 576583      | 陈达豪   | 男     |        2 | 5     |
|    40 | 1505050240 | 576586      | 陈文杰   | 男     |        2 | 5     |
|    45 | 1705050345 | 576591      | 陈兆楷   | 男     |        3 | 5     |
+-------+------------+-------------+----------+--------+----------+-------+
6 rows in set (0.00 sec)

mysql>
```

图 5-11 查询姓陈的学生信息

② _：匹配单个任意字符，它常用来限制表达式的字符长度。如果要匹配多个字符，则需要使用相同个数的“_”。

【例 5-12】查询 student 表中姓黄的并且名字为两个字的学生的信息。

```
SELECT * FROM student WHERE st_name LIKE '黄_';
```

执行结果如图 5-12 所示。

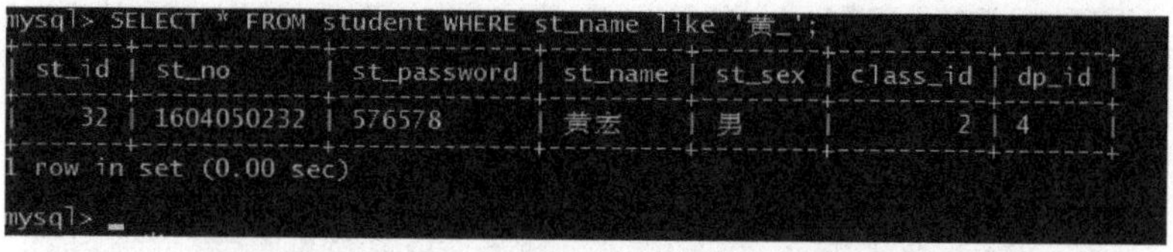

```
mysql> SELECT * FROM student WHERE st_name like '黄_';
+-------+------------+-------------+---------+--------+----------+-------+
| st_id | st_no      | st_password | st_name | st_sex | class_id | dp_id |
+-------+------------+-------------+---------+--------+----------+-------+
|    32 | 1604050232 | 576578      | 黄宏    | 男     |        2 | 4     |
+-------+------------+-------------+---------+--------+----------+-------+
1 row in set (0.00 sec)

mysql> _
```

图 5-12　查询姓黄的并且名字为两个字的学生信息

③ []：表示括号内所列字符中的一个（类似正则表达式）。指定一个字符、字符串或范围，要求所匹配的对象为它们中的任一个。

【例 5-13】查询 student 表中名字带有单字“宏”的学生，姓可以为马、王、白、黄。

```
SELECT * FROM student WHERE st_name regexp ' [马王白黄]宏';
```

执行结果如图 5-13 所示。

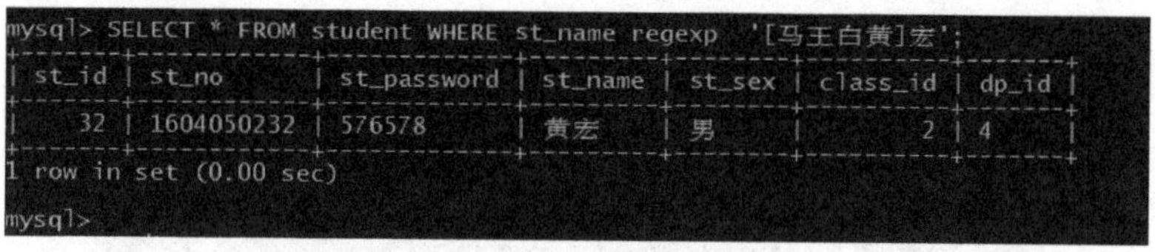

```
mysql> SELECT * FROM student WHERE st_name regexp  '[马王白黄]宏';
+-------+------------+-------------+---------+--------+----------+-------+
| st_id | st_no      | st_password | st_name | st_sex | class_id | dp_id |
+-------+------------+-------------+---------+--------+----------+-------+
|    32 | 1604050232 | 576578      | 黄宏    | 男     |        2 | 4     |
+-------+------------+-------------+---------+--------+----------+-------+
1 row in set (0.00 sec)

mysql>
```

图 5-13　查询名字带有单字“宏”的学生

④ [^]：表示不在括号所列之内的单个字符。其取值和[]相同，但它所要求匹配对象为指定字符以外的任一字符。

【例 5-14】查询 student 表中名字带有单字“瀚”的学生，姓不可以为马、王、白。

```
SELECT * FROM student WHERE st_name regexp '[^马王白]瀚';
```

执行结果如图 5-14 所示。

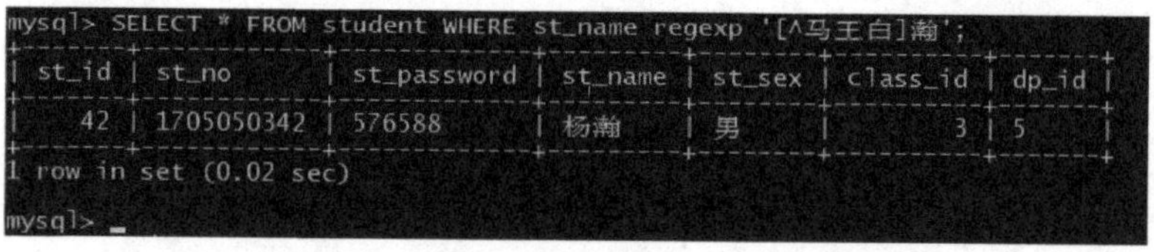

```
mysql> SELECT * FROM student WHERE st_name regexp '[^马王白]瀚';
+-------+------------+-------------+---------+--------+----------+-------+
| st_id | st_no      | st_password | st_name | st_sex | class_id | dp_id |
+-------+------------+-------------+---------+--------+----------+-------+
|    42 | 1705050342 | 576588      | 杨瀚    | 男     |        3 | 5     |
+-------+------------+-------------+---------+--------+----------+-------+
1 row in set (0.02 sec)

mysql> _
```

图 5-14　查询名字带有单字“瀚”的学生

（5）空值查询

创建数据表时，设计者可以指定某字段中是否包含空值（NULL）。空值不同于 0，也不同于空字符串。空值一般表示数据未知、不适用或在以后添加数据。在 SELECT 语句中使用 IS NULL 子句，可以查询某字段内容为空的记录。

【例 5-15】查询 student 表中没有简历介绍的教师信息。

```
SELECT * FROM teacher WHERE tc_info IS NULL;
```

执行结果如图 5-15 所示。

（6）消除重复行

出于对数据分析的要求，有时需要消除重复的记录值，如何使查询结果中没有重复值呢？在 SELECT 语句中，可以使用 DISTINCT 关键字，使 MySQL 消除重复的记录。如果查询结果有重复值并且所有重复值的次数并不重要，就可以在查询结果中消除重复行。

【例 5-16】查看院系编号为 1 的教师性别情况。

```
SELECT DISTINCT tc_sex FROM teacher WHERE dp_id=1;
```

执行结果如图 5-16 所示。

```
mysql> SELECT * FROM teacher WHERE tc_info IS NULL;
+-------+-------+-------------+---------+--------+-------+---------+
| tc_id | tc_no | tc_password | tc_name | tc_sex | dp_id | tc_info |
+-------+-------+-------------+---------+--------+-------+---------+
|     1 | 1245  | 251204      | 何俊彦  | 男     |     1 | NULL    |
|     2 | 1246  | 251205      | 胡耀锋  | 男     |     1 | NULL    |
|     3 | 1247  | 251206      | 黄栋良  | 男     |     1 | NULL    |
|     4 | 1248  | 251207      | 黄桂仪  | 女     |     1 | NULL    |
|     5 | 1249  | 251208      | 黄文朗  | 男     |     2 | NULL    |
|     6 | 1250  | 251209      | 黎浩林  | 男     |     2 | NULL    |
|     7 | 1251  | 251210      | 黎梓健  | 男     |     2 | NULL    |
|     8 | 1252  | 251211      | 李宛玲  | 女     |     2 | NULL    |
|     9 | 1253  | 251212      | 李秀铃  | 女     |     3 | NULL    |
|    10 | 1254  | 251213      | 梁伟明  | 男     |     3 | NULL    |
|    11 | 1255  | 251214      | 梁铸琴  | 女     |     3 | NULL    |
|    12 | 1256  | 251215      | 卢健彬  | 男     |     4 | NULL    |
|    13 | 1257  | 251216      | 卢敏聪  | 男     |     4 | NULL    |
|    14 | 1258  | 251217      | 卢世文  | 男     |     5 | NULL    |
|    15 | 1259  | 251218      | 莫浩尧  | 男     |     5 | NULL    |
+-------+-------+-------------+---------+--------+-------+---------+
15 rows in set (0.02 sec)

mysql>
```

图 5-15　查询没有简历介绍的教师信息

```
mysql> SELECT DISTINCT tc_sex FROM teacher WHERE dp_id=1;
+--------+
| tc_sex |
+--------+
| 男     |
| 女     |
+--------+
2 rows in set (0.00 sec)

mysql>
```

图 5-16　消除重复行

（7）显示前 *N* 行

SELECT 语句可返回所有匹配的行，有可能是表中所有的行，如仅仅需要返回第一行或者前几行，可使用 LIMIT 关键字，其基本语法格式如下：

```
LIMIT[位置偏移量] 行数;
```

“位置偏移量”表示 MySQL 从哪一行开始显示，是一个可选参数，如果不指定“位置偏移量”，将会从表中的第一条记录开始（第一条记录的位置偏移量是 0，第二条记录的位置偏移量是 1，……以此类推）；“行数”表示返回的记录条数。

【例 5-17】 查询 student 表中前 5 名同学的信息。

```
SELECT * FROM student LIMIT 5;
```

执行结果如图 5-17 所示。

```
mysql> SELECT * FROM student LIMIT 5;
+-------+------------+-------------+---------+--------+----------+-------+
| st_id | st_no      | st_password | st_name | st_sex | class_id | dp_id |
+-------+------------+-------------+---------+--------+----------+-------+
|     1 | 1501050101 | 576547      | 罗妙芳  | 女     |        1 | 1     |
|     2 | 1601050102 | 576548      | 陈梓滨  | 男     |        1 | 1     |
|     3 | 1701050103 | 576549      | 黄晓鹏  | 男     |        1 | 1     |
|     4 | 1501050204 | 576550      | 陈俊星  | 男     |        2 | 1     |
|     5 | 1601050205 | 576551      | 梁伟恒  | 男     |        2 | 1     |
+-------+------------+-------------+---------+--------+----------+-------+
5 rows in set (0.00 sec)
```

图 5-17　显示前 5 行

3. 使用聚合函数

有时，查询并不需要返回实际表中的数据，而只是对数据进行总结。MySQL 提供了一些聚合函数，可以对获取的数据进行分析和报告。聚合函数用于实现数据统计等功能，常用的聚合函数有 COUNT()，SUM()，AVG()，MAX()和 MIN()。

（1）COUNT()函数

COUNT()函数统计数据表中包含的记录行的总数，或者根据查询结果返回字段中包含的数据行数。其使用方法有以下两种。

COUNT(*)

计算表的总行数,不管字段中有数值还是为空值。

COUNT(字段名)

计算指定字段下总的行数,计算时将忽略空值的行。

【例 5-18】统计 student 表中男学生的人数。

```
SELECT COUNT(*) AS 男生人数
FROM student
WHERE st_sex='男';
```

执行结果如图 5-18 所示。

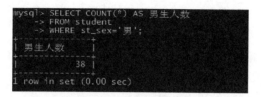

图 5-18 统计男学生的人数

(2) SUM()函数

SUM()函数是一个求总和的函数,返回指定字段值的总和。

【例 5-19】统计编号为 5(只有一个)的学生的总培训天数。

```
SELECT SUM(pr_days) AS 总培训天数
FROM project,st_project
WHERE st_id=5 AND st_project.pr_id=project.pr_id;
```

执行结果如图 5-19 所示。

图 5-19 统计编号为 5 的学生的总培训天数

(3) AVG()函数

AVG()函数通过计算返回的行数和每行数据的和,求得指定字段数据的平均值。

【例 5-20】统计 project 表中各种项目的平均培训天数。

```
SELECT AVG(pr_days) AS 平均培训天数
FROM project;
```

执行结果如图 5-20 所示。

图 5-20 统计各种项目的平均培训天数

(4) MAX()函数

MAX()函数返回查询字段中的最大值。

【例 5-21】 在 project 表中找出所有竞赛项目中的最大培训天数。

```
SELECT MAX(pr_days) AS 最大培训天数
FROM project;
```

执行结果如图 5-21 所示。

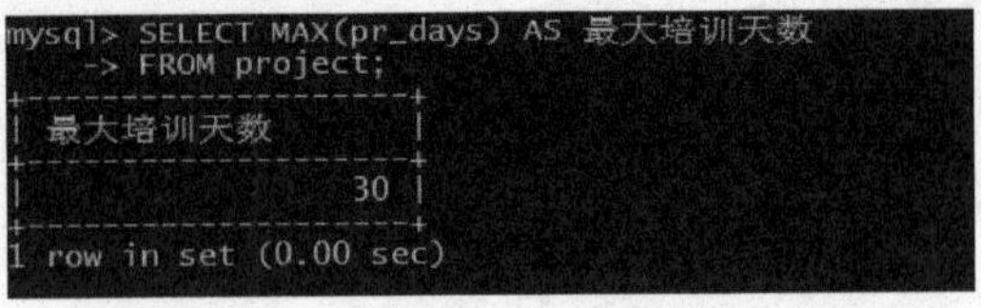

```
mysql> SELECT MAX(pr_days) AS 最大培训天数
    -> FROM project;
+--------------------+
| 最大培训天数       |
+--------------------+
|                 30 |
+--------------------+
1 row in set (0.00 sec)
```

图 5-21　找出所有项目的最大培训天数

（5）MIN()函数

MIN()函数返回查询字段中的最小值。

【例 5-22】 在 project 表中找出所有竞赛项目中的最小培训天数。

```
SELECT MIN (pr_days) AS 最小培训天数
FROM project;
```

执行结果如图 5-22 所示。

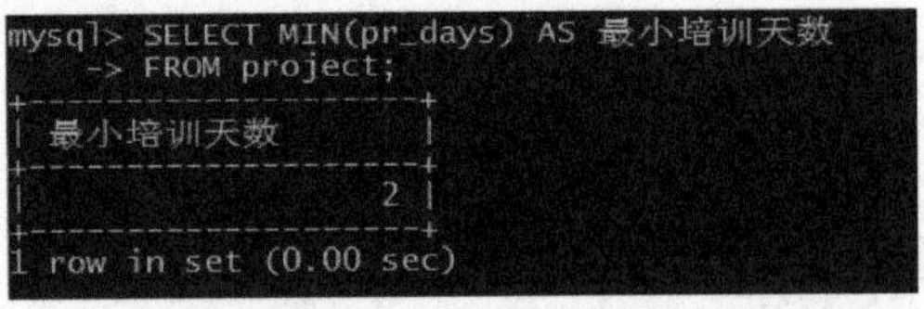

```
mysql> SELECT MIN(pr_days) AS 最小培训天数
    -> FROM project;
+--------------------+
| 最小培训天数       |
+--------------------+
|                  2 |
+--------------------+
1 row in set (0.00 sec)
```

图 5-22　找出所有项目的最小培训天数

4．分组查询

分组查询是对数据按照一个或多个字段进行分组，可以使用 GROUP BY 子句，将结果集中的行分成若干组来输出。在一个查询语句中，如果用了 GROUP BY 子句，则 SELECT 语句中的字段只能使用分组项字段和聚合函数。其基本语法格式为：

```
[GROUP BY 字段][HAVING <条件表达式>]
```

“字段”为进行分组时所依据的字段名称；“HAVING<条件表达式>”表示满足表达式限定条件的结果被显示。

【例 5-23】 查询 project 表中平均培训天数大于 7 天的院系编号和平均培训时间。

```
SELECT dp_id,AVG (pr_days) AS 平均培训天数
FROM project
GROUP BY dp_id
HAVING AVG (pr_days) >7;
```

执行结果如图 5-23 所示。

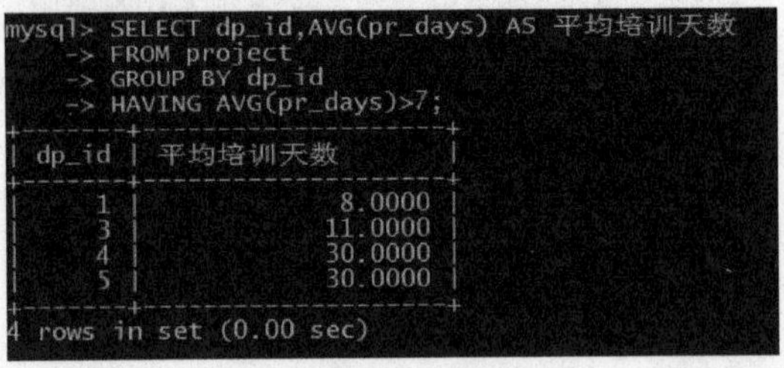

```
mysql> SELECT dp_id,AVG(pr_days) AS 平均培训天数
    -> FROM project
    -> GROUP BY dp_id
    -> HAVING AVG(pr_days)>7;
+-------+--------------------+
| dp_id | 平均培训天数       |
+-------+--------------------+
|     1 |             8.0000 |
|     3 |            11.0000 |
|     4 |            30.0000 |
|     5 |            30.0000 |
+-------+--------------------+
4 rows in set (0.00 sec)
```

图 5-23　分组查询

5. 排序输出

从前面的查询结果可以看出，有些字段的值是没有任何顺序的，MySQL 可以通过在 SELECT 语句中使用 ORDER BY 子句，对查询的结果进行排序，有升序排序和降序排序两种方式，默认为升序排序。

【例 5-24】查询 project 表中竞赛项目的项目名和培训时间，并按培训天数降序排列。

```
SELECT pr_name,pr_days
FROM project
ORDER BY pr_days DESC;
```

执行结果如图 5-24 所示。

图 5-24 降序排序输出

四、任务总结

本任务主要介绍 MySQL 中的单表数据查询操作，该操作使用 SELECT 语句实现，从选择字段查询、选择行查询、使用聚合函数查询、分组查询和排序输出 5 个方面分别进行介绍。查询是对数据库中的数据进行检索，并按用户要求返回所需数据的过程，它是 SQL 语言的核心操作。其中，选择字段查询又分别从选择所有字段、选择部分字段，以及为字段起别名 3 个方面进行详细介绍，通过实际情况查找所需要的字段，并根据为查找后的字段起别名；选择行查询包括简单条件查询、复合条件查询、指定范围查询、模糊条件查询、空值查询、消除重复行和显示前 N 行这 7 个方面，通过相应的查询使用户查找到满足条件的记录。

使用聚合函数查询，是为了能够对一组值执行计算并返回单一的值。除 COUNT() 函数以外，聚合函数忽略空值。聚合函数经常与 SELECT 语句的 GROUP BY 子句一同使用。常用的 5 种聚合函数为 COUNT() 函数、SUM() 函数、AVG() 函数、MAX() 函数和 MIN() 函数。

分组查询使用 GROUP BY 关键字，将查询结果按照某个字段或多个字段进行分组。字段中值相等的为一组。

排序输出使用 ORDER BY 关键字，将查询结果按照一个字段的实际情况进行升序或降序排序。

任务二 连接查询

一、任务描述

一个数据库中，通常存在多张数据表，用户一般需要进行多张表组合查询来找出所需要的信息。如果一个查询需要对多张表进行操作，那么这样的操作就称为连接查询。多表连接查询是关系数据库中最重要也最常用的查询。多表连接查询分为内连接、外连接等不同的连接方式，可以实现用户各种各样的查询要求。

二、任务分析

学生的基本信息存储在学生表（student）中，而项目号存储在学生参赛表（st_project）中，这就涉及两张表的查询了。而这两张表中有一个公共属性，即学生编号（st_id），可以通过学生编号这个公共属性将这两张表连接起来，以得到符合要求的查询结果。

三、任务完成

1．第一种内连接查询

（1）自连接查询

如果在一个连接查询中，涉及的两张表是同一张表，这种查询称为自连接查询。自连接是一种特殊的内连接，它是指相互连接的表在物理上为同一张表，但可以在逻辑上分为两张表。

【例 5-25】查询所有教师工号比卢健彬大的教师的姓名、教师工号和性别。

```
SELECT A.tc_name,A.tc_no,A.tc_sex
FROM teacher A,teacher B
WHERE B.tc_name='卢健彬' AND A.tc_no>B.tc_no;
```

执行结果如图 5-25 所示。

```
mysql> SELECT A.tc_name,A.tc_no,A.tc_sex
    -> FROM teacher A,teacher B
    -> WHERE B.tc_name='卢健彬' AND A.tc_no>B.tc_no;
+-----------+-------+--------+
| Tc_name   | Tc_no | tc_sex |
+-----------+-------+--------+
| 卢敏聪    | 1257  | 男     |
| 卢世文    | 1258  | 男     |
| 莫浩亮    | 1259  | 男     |
+-----------+-------+--------+
3 rows in set (0.02 sec)
```

图 5-25 自连接查询

（2）表间连接查询

连接多张不同表，这样的连接称为表间连接查询。

【例 5-26】查询丁文龙同学参加的竞赛项目名、比赛地址和比赛时间。

```
SELECT pr_name,project.dp_address,pr_time
FROM student,st_project,project
WHERE st_name='丁文龙' AND student.st_id=st_project.st_id AND st_project.
pr_id=project.pr_id;
```

执行结果如图 5-26 所示。

```
mysql> SELECT pr_name,project.dp_address,pr_time
    -> FROM student,st_project,project
    -> WHERE st_name='丁文龙' AND student.st_id=st_project.st_id AND st_project.
pr_id=project.pr_id;
+----------------------------------------------+----------------+--------------------
-+
| pr_name                                      | dp_address     | pr_time
|
+----------------------------------------------+----------------+--------------------
-+
| 大学生工程训练综合能力竞赛                   | 实训楼2-306    | 2017-06-10 00:00:00
|
+----------------------------------------------+----------------+--------------------
-+
1 row in set (0.03 sec)
```

图 5-26 表间连接查询

2．第二种内连接查询

除用以上方式实现内连接查询以外，还可以使用 JOIN ON 关键字实现内连接查询。

【例 5-27】用 JOIN ON 查询编号为 11 的学生的班号、专业名和年级。

```
SELECT class.class_no,class.class_name,class.class_grade
FROM student JOIN class
ON student.st_id=11 AND student.class_id=class.class_id;
```

执行结果如图 5-27 所示。

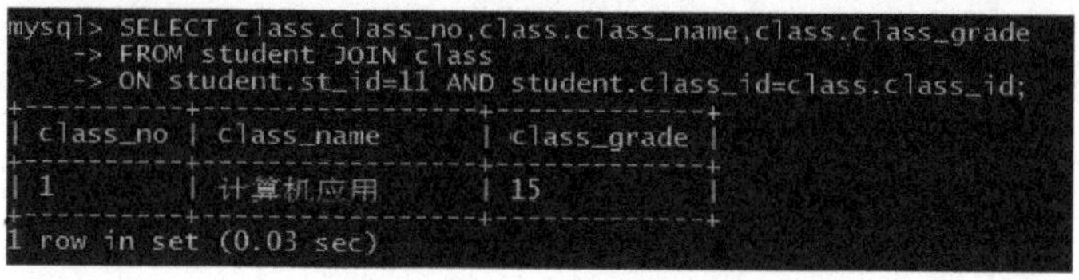

```
mysql> SELECT class.class_no,class.class_name,class.class_grade
    -> FROM student JOIN class
    -> ON student.st_id=11 AND student.class_id=class.class_id;
+----------+------------+-------------+
| class_no | class_name | class_grade |
+----------+------------+-------------+
| 1        | 计算机应用  | 15          |
+----------+------------+-------------+
1 row in set (0.03 sec)
```

图 5-27　第二种内连接查询

3. 外连接查询

外连接查询包括左外连接查询、右外连接查询和全外连接查询（本书仅介绍前两种）。

（1）左外连接查询

左外连接查询的结果集包括 LEFT OUTER 子句中指定的左表中的所有行，而不仅仅是连接列所匹配的行。如果左表中的某行在右表中没有匹配行，则在相关联的结果集中，右表的所有选择列表字段均为空值。

【例 5-28】查询所有的学生姓名、性别、参赛项目号和对应的指导教师编号，如果该学生没有参赛，也需要显示参赛项目号和对应的指导教师编号。

```
SELECT student.st_name,student.st_sex,st_project.pr_id,st_project.tc_id
FROM student LEFT OUTER JOIN st_project
ON student.st_id=st_project.st_id;
```

执行结果如图 5-28 所示。

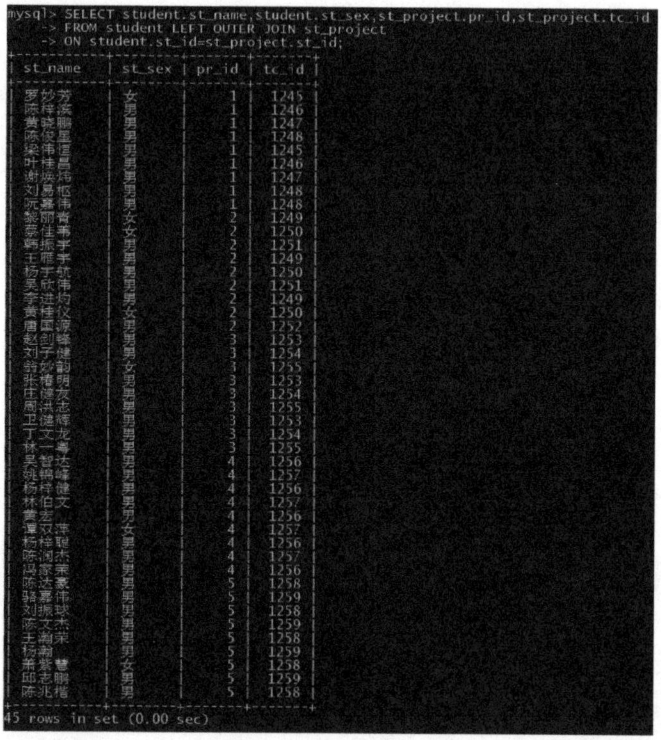

```
mysql> SELECT student.st_name,student.st_sex,st_project.pr_id,st_project.tc_id
    -> FROM student LEFT OUTER JOIN st_project
    -> ON student.st_id=st_project.st_id;
+----------+--------+-------+-------+
| st_name  | st_sex | pr_id | tc_id |
+----------+--------+-------+-------+
| 罗妙芳   | 女     |     1 |  1245 |
| 陈梓滨   | 男     |     1 |  1246 |
| 黄晓鹏   | 男     |     1 |  1247 |
| 陈俊星   | 男     |     1 |  1248 |
| 梁伟恒   | 男     |     1 |  1245 |
| 叶桂昌   | 男     |     1 |  1246 |
| 谢焕炜   | 男     |     1 |  1247 |
| 刘易枢   | 男     |     1 |  1248 |
| 阮嘉伟   | 男     |     1 |  1248 |
| 黎丽青   | 女     |     2 |  1249 |
| 蔡佳菁   | 女     |     2 |  1250 |
| 韩振宇   | 男     |     2 |  1251 |
| 王雁宇   | 男     |     2 |  1249 |
| 杨宇航   | 男     |     2 |  1250 |
| 吴欣伟   | 男     |     2 |  1251 |
| 李进灼   | 男     |     2 |  1249 |
| 黄桂仪   | 女     |     2 |  1250 |
| 唐国源   | 男     |     2 |  1252 |
| 赵剑锋   | 男     |     3 |  1253 |
| 刘子健   | 男     |     3 |  1254 |
| 翁妙韵   | 女     |     3 |  1255 |
| 张椿明   | 男     |     3 |  1253 |
| 庄健友   | 男     |     3 |  1254 |
| 周洪志   | 男     |     3 |  1255 |
| 卫德辉   | 男     |     3 |  1253 |
| 丁文龙   | 男     |     3 |  1254 |
| 林一粤   | 男     |     3 |  1255 |
| 吴智达   | 男     |     4 |  1256 |
| 姚锦峰   | 男     |     4 |  1257 |
| 杨梓健   | 男     |     4 |  1256 |
| 林伯文   | 男     |     4 |  1257 |
| 黄宏     | 男     |     4 |  1256 |
| 谭双萍   | 女     |     4 |  1257 |
| 杨梓聪   | 男     |     4 |  1256 |
| 陈润杰   | 男     |     4 |  1257 |
| 冯家荣   | 男     |     4 |  1256 |
| 陈达豪   | 男     |     5 |  1258 |
| 骆嘉伟   | 男     |     5 |  1259 |
| 刘振球   | 男     |     5 |  1258 |
| 陈文杰   | 男     |     5 |  1259 |
| 王瀚荣   | 男     |     5 |  1258 |
| 杨瀚     | 男     |     5 |  1259 |
| 萧紫慧   | 女     |     5 |  1258 |
| 邱志鹏   | 男     |     5 |  1259 |
| 陈兆楷   | 男     |     5 |  1258 |
+----------+--------+-------+-------+
45 rows in set (0.00 sec)
```

图 5-28　左外连接查询

（2）右外连接查询

右外连接查询是左外连接的反向连接，将返回右表中的所有行。如果右表中的某行在左表中没有匹配行，则将为左表返回空值。

【例 5-29】 查询所有的教师姓名、性别以及指导的项目号，如果该教师没有指导竞赛，也需要显示项目号。

```
SELECT teacher.tc_name,teacher.tc_sex,tc_project.pr_id
FROM tc_project RIGHT OUTER JOIN teacher
ON teacher.tc_id=tc_project.tc_id;
```

执行结果如图 5-29 所示。

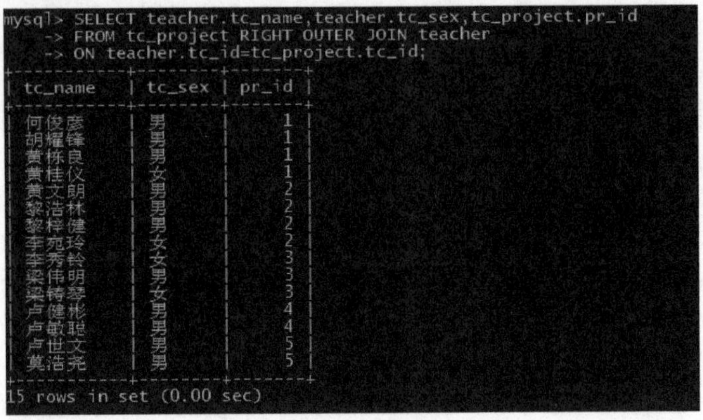

```
mysql> SELECT teacher.tc_name,teacher.tc_sex,tc_project.pr_id
    -> FROM tc_project RIGHT OUTER JOIN teacher
    -> ON teacher.tc_id=tc_project.tc_id;
+----------+--------+-------+
| tc_name  | tc_sex | pr_id |
+----------+--------+-------+
| 何俊彦   | 男     |     1 |
| 胡耀锋   | 男     |     1 |
| 黄栋良   | 男     |     1 |
| 黄桂仪   | 女     |     1 |
| 黄文朗   | 男     |     2 |
| 黎浩林   | 男     |     2 |
| 黎梓健   | 男     |     2 |
| 李苑玲   | 女     |     2 |
| 李秀铃   | 女     |     3 |
| 梁伟明   | 男     |     3 |
| 梁铸琴   | 女     |     3 |
| 卢健彬   | 男     |     4 |
| 卢敏聪   | 男     |     4 |
| 卢世文   | 男     |     5 |
| 莫浩尧   | 男     |     5 |
+----------+--------+-------+
15 rows in set (0.00 sec)
```

图 5-29　右外连接查询

四、任务总结

本任务主要介绍连接查询，分为两部分。

（1）内连接（典型的连接运算，使用像=或<>之类的比较运算符）。内连接使用比较运算符根据每张表共有的字段值匹配两张表中的行。例如，查询 students 和 st_project 表中学生编号相同的所有行。

（2）外连接。外连接可以是左外连接、右外连接或全外连接。

在 FROM 子句中指定外连接时，可以由下列两组关键字中的一组指定。

① LEFT JOIN 或 LEFT OUTER JOIN

左外连接的结果集包括 LEFT OUTER 子句中指定的左表中的所有行，而不仅仅是连接字段所匹配的行。如果左表中的某行在右表中没有匹配行，则在相关联的结果集中，右表的所有选择列表字段均为空值。

② RIGHT JOIN 或 RIGHT OUTER JOIN

右外连接是左外连接的反向连接，将返回右表中的所有行。如果右表中的某行在左表中没有匹配行，则将为左表返回空值。

任务三　子查询

一、任务描述

当一个查询是另一个查询的条件时，其称为子查询。子查询是一个 SELECT 语句，它可以嵌套在一个 SELECT 语句、SELECT...INTO 语句、INSERT...INTO 语句、DELETE 语句或 UPDATE 语句中，或嵌套在另一子查询中。

二、任务分析

根据任务二可知，使用连接查询将学生表（student）与学生参赛表（st_project）按照学生编号相等连接，即可得到已经参加竞赛的学生姓名和项目编号，因为凡是在学生参赛表中的学生都是已经参加竞赛的。除使用连接查询之外，还可以使用子查询，子查询又称嵌套查询。

三、任务完成

1. 使用 EXISTS 关键字的子查询

将 EXISTS 关键字引入子查询后，子查询的作用就相当于进行存在测试。外部查询的 WHERE 子句测试子查询返回的行是否存在。子查询实际上不产生任何数据，它只返回 TRUE 或 FALSE，其目标表达式通常都是"*"。

【例 5-30】查询已有学生参赛的项目和培训天数。

```
SELECT pr_name,pr_time
FROM project
WHERE EXISTS
(SELECT * FROM st_project WHERE st_project.pr_id=project.pr_id);
```

执行结果如图 5-30 所示。

```
mysql> SELECT pr_name,pr_time
    -> FROM project
    -> WHERE EXISTS
    -> (SELECT * FROM st_project WHERE st_project.pr_id=project.pr_id);
+--------------------------------+---------------------+
| pr_name                        | pr_time             |
+--------------------------------+---------------------+
| 蓝桥杯                         | 2017-12-09 00:00:00 |
| 炒股模拟大赛                   | 2017-08-26 00:00:00 |
| 大学生工程训练综合能力竞赛     | 2017-06-10 00:00:00 |
| 大学生广告艺术大赛             | 2018-05-31 00:00:00 |
| 霍普杯                         | 2017-08-31 00:00:00 |
+--------------------------------+---------------------+
5 rows in set (0.00 sec)
```

图 5-30 使用 EXISTS 关键字的子查询

2. 使用 IN 或 NOT IN 关键字的子查询

通过 IN 或 NOT IN 关键字引入的子查询，其结果是包含零个或多个值的列表。子查询返回结果之后，外部查询将利用这些结果。

【例 5-31】查询所有参赛学生的学号和姓名。

```
SELECT st_no,st_name
FROM student
WHERE st_id IN
(SELECT st_id FROM st_project);
```

执行结果如图 5-31 所示。

3. 使用 ANY 或 ALL 关键字的子查询

若要使带有>ALL 的子查询中的行满足外部查询中指定的条件，引入子查询的列的值必须大于子查询返回的值列表中的每个值。

同样，>ANY 表示要使某一行满足外部查询中指定的条件，引入子查询的列的值必须至少大于子查询返回的值列表中的一个值。

```
mysql> SELECT st_no,st_name
    -> FROM student
    -> WHERE st_id IN
    -> (SELECT st_id FROM st_project);
+------------+----------+
| st_no      | st_name  |
+------------+----------+
| 1501050101 | 罗妙芳   |
| 1601050102 | 陈梓滨   |
| 1701050103 | 黄晓鹏   |
| 1501050204 | 陈俊星   |
| 1601050205 | 梁伟恒   |
| 1701050206 | 叶桂昌   |
| 1501050307 | 谢焕炜   |
| 1601050308 | 刘易枢   |
| 1701050309 | 阮嘉伟   |
| 1502050110 | 黎丽青   |
| 1602050111 | 蔡佳苇   |
| 1702050112 | 韩振宇   |
| 1502050213 | 王雁宇   |
| 1602050214 | 杨宇航   |
| 1702050215 | 吴欣伟   |
| 1502050316 | 李进灼   |
| 1602050317 | 黄桂仪   |
| 1703050118 | 唐国源   |
| 1503050119 | 赵剑锋   |
| 1603050120 | 刘子健   |
| 1703050221 | 翁妙韵   |
| 1503050222 | 张椿明   |
| 1603050223 | 庄健友   |
| 1703050224 | 周洪志   |
| 1503050225 | 卫健辉   |
| 1604050126 | 丁文龙   |
| 1704050127 | 林一粤   |
| 1504050128 | 吴智达   |
| 1604050129 | 姚锦峰   |
| 1704050130 | 杨梓健   |
| 1504050231 | 林伯文   |
| 1604050232 | 黄宏     |
| 1704050233 | 谭双萍   |
| 1504050234 | 杨梓聪   |
| 1605050135 | 陈润杰   |
| 1705050236 | 冯家荣   |
| 1505050237 | 陈达豪   |
| 1605050238 | 骆嘉伟   |
| 1705050239 | 刘振球   |
| 1505050240 | 陈文杰   |
| 1605050241 | 王瀚荣   |
| 1705050342 | 杨瀚     |
| 1505050343 | 萧紫薏   |
| 1605050344 | 邱志鹏   |
| 1705050345 | 陈兆楷   |
+------------+----------+
45 rows in set (0.00 sec)
```

图 5-31　使用 IN 关键字的子查询

【例 5-32】查询比信息学院所有竞赛项目的培训天数都多的项目名和培训天数。

```
SELECT pr_name,pr_days
FROM project,department
WHERE pr_days>ALL
(SELECT pr_days FROM project,department WHERE dp_name='信息学院'
AND department.dp_id=project.dp_id)
AND dp_name!='信息学院'
AND department.dp_id=project.dp_id;
```

执行结果如图 5-32 所示。

```
mysql> SELECT pr_name,pr_days
    -> FROM project,department
    -> WHERE pr_days>ALL
    -> (SELECT pr_days FROM project,department WHERE dp_name='信息学院'
    -> AND department.dp_id=project.dp_id)
    -> AND dp_name!='信息学院'
    -> AND  department.dp_id=project.dp_id;
+----------------------------------+---------+
| pr_name                          | pr_days |
+----------------------------------+---------+
| 蓝桥杯                           |       8 |
| 炒股模拟大赛                     |       2 |
| 大学生工程训练综合能力竞赛       |      11 |
| 大学生广告艺术大赛               |      30 |
| 霍普杯                           |      30 |
+----------------------------------+---------+
5 rows in set (0.00 sec)
```

图 5-32　使用>ALL 关键字进行子查询

4．使用比较运算符的子查询

子查询可以由一个比较运算符（=、<>、>、>=、<、!>、!< 或 <=）引入。

【例 5-33】查询培训天数大于平均天数的项目号、项目名和培训天数。

```
SELECT pr_id,pr_name,pr_days
FROM project
WHERE pr_days>
(SELECT AVG(pr_days)FROM project);
```

执行结果如图 5-33 所示。

```
mysql> SELECT pr_id,pr_name,pr_days
    -> FROM project
    -> WHERE pr_days>
    -> (SELECT AVG(pr_days) FROM project);
+-------+----------------------------+---------+
| pr_id | pr_name                    | pr_days |
+-------+----------------------------+---------+
|     4 | 大学生广告艺术大赛         |      30 |
|     5 | 霍普杯                     |      30 |
+-------+----------------------------+---------+
2 rows in set (0.00 sec)
```

图 5-33　使用比较运算符的子查询

四、任务总结

在 SQL 语言中，一个 SELECT…FROM…WHERE 语句称为一个查询块。将一个查询块嵌套到另一个查询块的 WHERE 子句或 HAVING 子句中的查询称为子查询或嵌套查询。子查询总是写在一组圆括号中，可以用在使用表达式的任何地方。上层查询块称为外层查询或父查询，下层查询块称为内层查询或子查询。SQL 语言允许多层嵌套查询，即子查询中还可以嵌套其他子查询。

嵌套子查询的执行不依赖于外层查询。其一般的求解方法是由内向外处理。即最内层的子查询先处理，子查询的结果作为父查询的查询条件。

在本任务中分别介绍了使用 EXISTS 关键字的子查询、使用 IN 或 NOT IN 关键字的子查询、使用 ANY 或 ALL 关键字的子查询和使用比较运算符的子查询。通过学习以上 4 种子查询，逐步介绍了子查询的相关知识和技巧。

其中，EXISTS子查询将外层的查询结果传到内层，判断内层的查询是否成立。该查询实际上不返回任何数据，而是返回 TRUE 或 FALSE。该查询可以与 IN 引入的子查询互换，但是该查询的效率更高；通过 IN 或 NOT IN 引入的子查询，其结果是包含零个或多个值的列表。子查询返回结果之后，外部查询将利用这些结果。

子查询返回单值时可以用比较运算符，但返回多值时要用 ANY（有的系统用 SOME）或 ALL。而使用 ANY 或 ALL 时必须同时使用比较运算符。

实践训练

【实践任务 1】

在已经创建的 student 表中进行如下操作。

（1）计算女学生的人数。

（2）使用 LIMIT 查询第 3 条记录到第 6 条记录。

（3）查询学号尾数为 3 的学生记录。

（4）查询姓周的学生。

（5）查询系编号为 4、班级号为 2 的学生信息。

（6）使用左外连接方式查询 student 表和 department 表。

【实践任务 2】

在已经创建的 project、department、teacher 表中进行如下操作。
（1）查询项目名为"蓝桥杯"的信息。
（2）查询培训天数小于平均天数的项目号、项目名和培训天数。
（3）查询比"工程系"的所有竞赛项目培训天数都小的项目名和培训天数。
（4）查询"信息工程学院"的所有教师的姓名。

项目六　数据库编程

学习目标	
项目任务	任务一　存储过程的使用 任务二　存储函数的使用 任务三　触发器的使用 任务四　游标的使用 任务五　事务
知识目标	（1）掌握存储过程的使用方法 （2）掌握存储函数的使用方法，以及与存储过程的区别 （3）掌握创建、删除触发器的方法 （4）掌握游标的使用步骤 （5）了解事务的使用，掌握事务隔离级别的设置方法
能力目标	（1）能够创建与使用存储过程 （2）能够创建与使用存储函数 （3）能够创建与使用触发器 （4）能够使用游标实现查询 （5）能够创建与管理事务
素质目标	（1）形成自主、好学的学习态度 （2）养成务实解决问题的习惯 （3）培养团队协作的精神

任务一　存储过程的使用

一、任务描述

系统开发过程中，经常会有同一个功能多次调用的情况，如果每次实现同一功能时都编写代码，会浪费大量的时间。为了解决这类问题，MySQL 5.0 引入了存储过程（Stored Procedure）。存储过程是一组为了完成特定功能的 SQL 语句集，经编译后存储在数据库中，用户通过指定存储过程的名称和参数（如果该存储过程带有参数）来调用它，存储过程可以重复使用，大大减少了数据库开发人员的工作量。

本次任务结合学生竞赛项目管理系统，创建带参数和不带参数的存储过程，以及在存储过程中使用变量和流程控制语句实现编程功能。

二、任务分析

存储过程有以下优点。

① 增强 SQL 语言的功能性和灵活性：在存储过程内可以编写各种功能代码，完成复杂的判断和复杂的运算，有很强的灵活性。

② 标准组件式编程：存储过程被创建后，可以在程序中被多次调用，可以随时修改，不影响应用程序源代码。

③ 较快的执行速度：存储过程是预编译的，这样可以大大提高数据库的处理速度。

④ 减少网络流量：在客户的计算机上调用存储过程时，传送的只是该调用语句，而不是这一功能的全部代码，能大大减少网络流量。

⑤ 增加安全性：通过设置存储过程的权限，可以避免非授权用户对数据的访问，保证数据的安全。

三、任务完成

1. 创建存储过程

创建存储过程，使用 CREATE PROCEDUER 语句，语法格式如下：

```
CREATE PROCEDURE 过程名 ([过程参数[,…]])
BEGIN
    过程体
END;
```

例如：

```
CREATE PROCEDURE  pr_student(OUT num INT)
BEGIN
    SELECT COUNT(*) INTO  num  FROM  student;
END
```

以上代码创建了一个带有 OUT 参数的存储过程 pr_student()，实现的功能是统计学生表的总人数，并返回统计结果。

2. 存储过程的参数

存储过程的参数有以下几种情况（本书只介绍前 3 种）。

① 不带参数：存储过程不带任何参数。

② 带 IN 输入参数：表示向存储过程传入参数，存储过程默认为传入参数，所以参数 IN 可以省略。

③ 带 OUT 输出参数：该值可在存储过程内部被改变，并返回。

④ 带 INOUT 输入/输出参数：表示定义的参数可传入存储过程，并可以被存储过程修改后传出。

【例 6-1】创建一个不带参数的存储过程，实现查看 student 表信息的功能。

```
CREATE  PROCEDURE  sp_student()
BEGIN
    SELECT * FROM  student;
End;
```

以上代码创建了一个存储过程 sp_student()，在后面的开发中，可以重复调用此存储过程，实现查看 student 表的功能。

调用存储过程的代码如下：

```
CALL  sp_student( );
```

【例 6-2】创建一个带 IN 参数的存储过程，实现根据学生学号查看学生信息的功能。

```
CREATE  PROCEDURE  sp_student_no(IN student_no CHAR(10))
```

```
    BEGIN
        SELECT * FROM student WHERE st_no= student_no ;
    END;
```
注意：输入参数的类型必须与数据表对应属性的数据类型一致。

执行存储过程，查看学号为"04002"的学生信息，代码如下：
```
    CALL sp_student_no('04002');
```
【例6-3】创建一个带 OUT 参数的存储过程，实现查看学生姓名的功能。
```
    CREATE PROCEDURE sp_student_name(OUT name VARCHAR(20))
    BEGIN
        SELECT st_name FROM student;
    END;
```
以上代码创建了一个带 OUT 参数的存储过程 sp_student_name()，实现查看学生的姓名的功能。输出的数据需要用户变量返回。

注意：输出参数的类型必须与数据表对应属性的数据类型一致。

执行存储过程的代码如下：
```
    CALL sp_student_name(@name);
```
存储过程执行的输出结果由用户变量@name 返回。

3．存储过程的变量

（1）声明变量
```
    DECLARE var_name[,…] type [DEFAULT value]
```
这个语句被用来声明局部变量。DEFAULT 子句为变量提供一个默认值，如果没有DEFAULT 子句，其初始值为 NULL。局部变量的作用范围为它被声明的 BEGIN … END 块内。

（2）变量赋值（SET 语句）
```
    SET var_name = expr [,var_name = expr] …
```
也可以用以下语句为用户变量分配一个值。在这种情况下，分配符必须为"：="而不能用"="，因为在非 SET 语句中，"="被视为一个比较操作符，例如：
```
    SET @t1=0, @t2=0, @t3=0;
    SELECT @t1:=0,@t2:=0,@t3:=0;
```
对于使用 SELECT 语句为变量赋值的情况，若返回结果为空，则没有记录，此时变量的值为上一次变量赋值时的值，如果没有对变量赋过值，则为 NULL。

（3）变量赋值（SELECT … INTO 语句）
```
    SELECT col_name[,…] INTO var_name[,…] table_expr
```
这个SELECT语句将选定的字段直接存储到变量中,这种方式的赋值只有单一的行可以被取回。例如：
```
    SELECT st_no,st_name INTO x,y FROM student;
```
以上的代码的运行结果是把一名学生的学号和姓名分别赋值给 x，y 变量。

4．存储过程的流程控制结构语句

（1）带 IF…THEN…ELSE 语句的存储过程

在存储过程体中，IF…THEN…ELSE 语句可以根据不同条件执行不同的操作，使存储过程更灵活。

语法格式如下：
```
    IF search_condition THEN statement_list
```

```
    [ ELSEIF  search_condition  THEN  statement_list ] …
    [ ELSE  statement_list ]
    END IF
```

其中，search_condition 表示判断的条件，为 TRUE 或者 FALSE。statement_list 表示一条或者多条 SQL 语句，当 search_condition 的条件为真时，执行相应的 SQL 语句。

【例 6-4】创建一个存储过程，输入学生的学号，如果学生的性别为"男"，输出"你是一个男生"，如果学生的性别为"女"，输出"你是一个女生"。

执行语句如下：

```
CREATE  PROCEDURE  pr_sex (IN xuehao CHAR(10), OUT shuchu CHAR(20))
BEGIN
    DECLARE  the_sex  CHAR(2);
    SELECT  st_sex  INTO  the_sex  FROM  student  WHERE  st_no =xuehao;
    IF the_sex='男' THEN
    SET shuchu='你是一个男生';
    ELSEIF the_sex='女' THEN
    SET shuchu='你是一个女生';
    END IF;
END;
```

执行存储过程的代码如下：

```
CALL pr_sex('2014060301', @dd);
SELECT @dd;
```

输出结果为"你是一个男生"。

(2) 带 CASE 语句的存储过程

在存储过程的 SQL 语句中，一个 CASE 语句可以充当一个 IF…THEN…ELSE 语句。

语法格式如下：

```
CASE case_value
    WHEN  when_value  THEN  statement_list
    [WHEN  when_value  THEN  statement_list]…
    [ELSE statement_list]
END CASE
```

或者

```
CASE
    WHEN  search_condition  THEN  statement_list
    [WHEN  search_condition  THEN  statement_list]…
    [ELSE statement_list]
END CASE
```

【例 6-5】创建一个存储过程，输入学生的学号，如果学生的性别为"男"，就将学生的性别改为"女"，并且输出"性别修改成功"，如果学生的性别为"女"，则输出"性别为女，不需要修改"。

执行语句如下：

```
CREATE  PROCEDURE  pr_change (IN xuehao CHAR(10), OUT shuchu CHAR(20))
BEGIN
    DECLARE  the_sex  char(2);
    SELECT  st_sex  INTO  the_sex  FROM  student  WHERE  st_no =xuehao;
```

```
            CASE
                WHEN the_sex='男' THEN
                    UPDATE student SET st_sex='女' WHERE st_no =xuehao;
                    SET shuchu='性别修改成功';
                ELSE
                    SET shuchu='性别为女，不需要修改';
            END CASE;
        END;
```
执行存储过程的代码如下：
```
        CALL pr_change ('2014060301', @dd);
        SELECT @dd;
```
输出结果为"性别修改成功"。

5. 查看存储过程

可以利用 SHOW 语句查看已经创建的存储过程。例如，查看上任务创建的存储过程 pr_change，可以利用如下语句：
```
        SHOW CREATE PROCEDURE pr_change;
```

6. 删除存储过程

可以利用 DROP 语句删除已经创建的存储过程。例如，删除上任务创建的存储过程 pr_change，可以利用如下语句：
```
        DROP PROCEDURE pr_change;
```

四、任务总结

本任务结合学生竞赛项目管理系统中的数据库，介绍了使用存储过程的全过程。

（1）介绍存储过程的创建语法和创建过程。

（2）通过 3 个案例介绍 3 种存储过程的使用方法，分别是：不带参数的存储过程，带 IN 参数的存储过程，以及带 OUT 参数的存储过程。通过比较 3 种类型存储过程的使用方法，加深对 3 种存储过程的理解。

（3）通过两个案例介绍存储过程中变量和流程控制语句的使用。

（4）最后介绍查看和删除存储过程的方法。

在数据库系统中应用存储过程可以简化编程的工作，提高系统运行速度，减少网络流量，提高安全性。特别是大型项目中，存储过程的使用比较频繁，读者可以参考更多相关实际项目开发的资料，加深对这方面知识的理解。

任务二 存储函数的使用

一、任务描述

本任务主要学习创建、调用、修改、使用和删除存储函数，包括创建基本的存储函数，创建带变量的存储函数，以及在存储函数中调用其他的存储过程或存储函数。

二、任务分析

存储函数与存储过程非常类似，都是在数据库中定义的 SQL 语句的集合，可以将实现某种功能的 SQL 语句编写在存储函数中，需要的时候直接调用这些存储函数即可，大大减少了开发人员的工作量，同时可以减少客户端与服务端的数据传输，提高数据交换速度。

创建存储函数的语法格式如下：

```
CREATE  FUNCTION  sp_name ( [func_parameter[,…]] )
RETURNS type
  [ characteristic… ] routine_body
```

① sp_name：存储函数的名称。
② func_parameter：存储函数的参数列表。
③ RETURNS type：指定返回值的类型。
④ characteristic：指定存储函数的特性，该参数的取值与存储过程中的取值是一样的。
⑤ routine_body：是 SQL 代码的内容，可以用 BEGIN…END 来标志 SQL 代码的开始和结束。

三、任务完成

1．创建存储函数

（1）创建基本的存储函数

【例 6-6】创建一个存储函数，返回 student 表中男生的人数。

```
CREATE  FUNCTION nan_num( )
RETURNS  INTEGER
BEGIN
   RETURN (SELECT COUNT(*) FROM student WHERE st_sex='男')
END
```

创建存储函数时，要注意字符集统一，RETURNS 后面返回的数据类型要与函数返回值的数据类型一致。SELECT 语句返回 COUNT(*)的数据类型为整型，所以 RETURNS 的返回类型也一定是整型。

（2）创建带变量的存储函数

【例 6-7】创建一个存储函数，根据指定的学生学号，返回该学生所在的院系名。

```
CREATE  FUNCTION  student_pname(xuehao  char(10))
RETURNS  VARCHAR(20)
BEGIN
   RETURN (SELECT dp_name FROM department JOIN student USING(dp_id) WHERE
     st_no=xuehao);
END
```

2．调用存储函数

（1）利用 SELECT 语句调用存储函数

在 MySQL 数据库中，用户自定义函数的调用与 MySQL 内部函数的调用方法一样，都是使用 SELECT 关键字来实现。

【例 6-8】调用存储函数 nan_num()，实现查看男生的人数，然后调用存储函数 student_pname()，查看学号为 2014060207 的学生所在的院系名。

调用 nan_num()的 SQL 语句如下：

```
SELECT  nan_num( );
```

执行结果如图 6-1 所示。

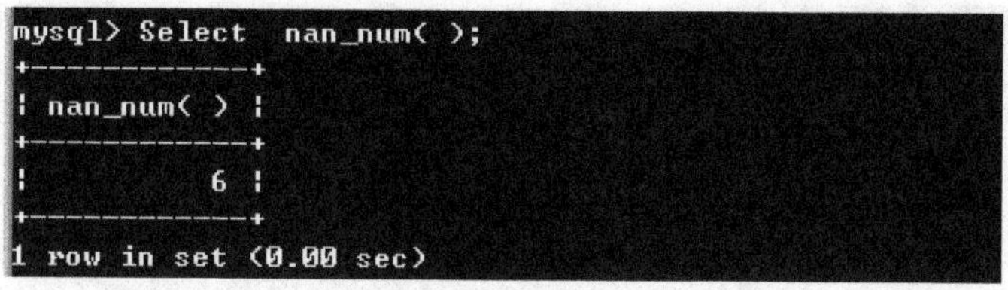

图 6-1 查看男生的人数

调用 student_pname()的 SQL 语句如下：
```
SELECT  student_pname('2014060207');
```
执行结果如图 6-2 所示。

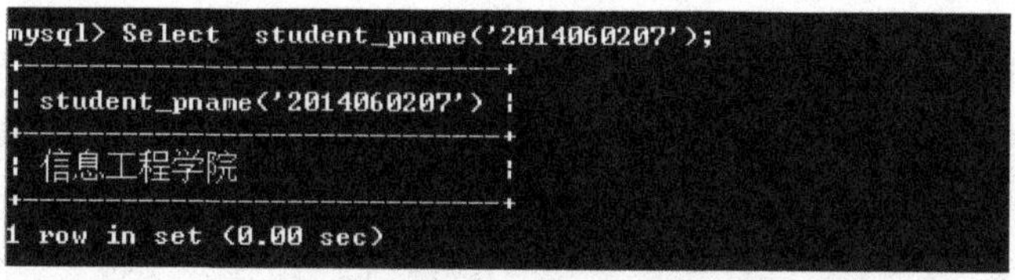

图 6-2 查看学生所在院系名

（2）调用其他存储过程或存储函数

【例 6-9】创建一个存储函数，通过调用存储函数 student_pname()获得学生所在的院系名，然后返回该学生所在院系的总人数。

创建存储函数的 SQL 语句如下：
```
CREATE FUNCTION st_num(xuehao CHAR(10))
RETURNS INTEGER
BEGIN
    DECLARE pname VARCHAR(20);
    SELECT student_pname(xuehao) INTO pname;
    RETURN(SELECT COUNT(*)FROM student WHERE dp_id=(SELECT dp_id FROM
    department  WHERE dp_name=pname));
END;
```
指定一个学号 2014060207，调用存储函数 st_num( )的 SQL 语句如下：
```
SELECT  st_num('2014060207');
```
执行结果如图 6-3 所示。

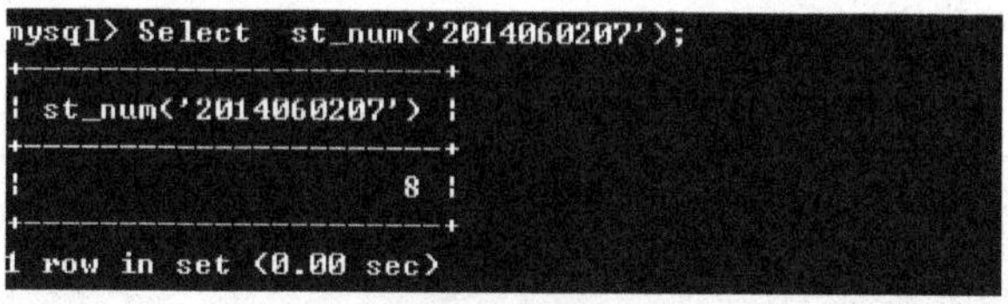

图 6-3 学生所在院系的总人数

以上存储函数 st_num()的执行过程是：先通过调用另一个存储函数 student_pname()，获得返回的院系名，再查找该院系所有学生的人数。

3．查看存储函数

可以通过 SHOW FUNCTION STATUS 语句来查看存储函数的状态，如图 6-4 所示。

图 6-4 存储函数的状态

可以通过 SHOW CREATE 语句来查看存储函数的定义信息，如图 6-5 所示。

图 6-5 存储函数的定义信息

4．修改存储函数

修改存储函数的方法有两种，一是通过 ALERT FUNCTION 语句来修改，二是先删除原有的存储函数，再重新创建存储函数，其方法与修改存储过程的格式一样，具体可参照任务二中存储过程的修改方法。

5．删除存储函数

删除存储函数可以通过 DROP FUNCTION 语句实现，语法格式如下：

```
DROP FUNCTION IF [IF EXISTS] sp_name;
```

【例 6-10】利用 DROP FUNCTION 语句删除存储函数 st_num()。

```
DROP FUNCTION IF EXISTS  st_num();
```

SQL 语句执行成功之后，查看是否删除成功，如图 6-6 所示。

图 6-6 查看删除结果

删除存储函数前要注意，该存储函数是否与其他存储函数或者存储过程有依赖关系，如果有依赖关系，删除之后将会导致其他存储过程或者存储函数无法运行。

四、任务总结

本任务结合学生竞赛项目管理系统中的数据库，介绍使用存储函数的方法，其内容包括：

（1）创建基本存储函数的方法；
（2）创建带变量存储函数的方法；
（3）使用 SELECT 语句调用存储函数，以及在存储函数中调用其他存储函数的方法；
（4）修改与删除存储函数的方法；

通过以上的学习，希望读者能够理解和掌握存储函数的使用方法与技巧，能够在实际的开发中使用存储函数来减少了开发的工作量，提高系统的运行性能。

任务三 触发器的使用

一、任务描述

触发器是一种维护数据的完整性或者执行其他特殊任务的存储过程，它在满足一定条件时才会触发执行，当触发器被触发时，数据库就会自动执行触发器中的程序语句。本任务介绍在学生竞赛项目管理系统数据库中使用触发器，包括创建触发器、查看触发器和删除触发器。

二、任务分析

在 MySQL 中，创建触发器的语法格式如下：

```
CREATE TRIGGER trigger_name trigger_time trigger_event ON tb_name
FOR EACH ROW trigger_stmt;
```

① trigger_name：表示触发器的名称。

② tirgger_time：表示触发器的动作时间，可以是 BEFORE 或者 AFTER，BEFORE 表示触发程序是在激发语句之前，而 AFTER 表示触发程序是在激发语句之后。

③ trigger_event：表示激活触发程序的事件类型，有 3 种类型，分别为 INSERT、DELETE 和 UPDATE。

④ tb_name：指明在哪张表上建立触发器。

⑤ trigger_stmt：表示当触发器被触发时，执行的程序语句可以是单条 SQL 语句也可以是用 BEGIN 和 END 包含的多条语句。

可以建立 6 种触发器，即 BEFORE INSERT、BEFORE UPDATE、BEFORE DELETE、AFTER INSERT、AFTER UPDATE、AFTER DELETE。触发器有一个限制，就是不能同时在一张表上建立两个相同类型的触发器，因此在一张表上最多能建立 6 个触发器。

① INSERT 型触发器：插入某一行时，通过 INSERT、LOAD DATA、REPLACE 语句触发。

② UPDATE 型触发器：更改某一行时，通过 UPDATE 语句触发。

③ DELETE 型触发器：删除某一行时，通过 DELETE、REPLACE 语句触发。

MySQL 除对 INSERT、UPDATE、DELETE 基本操作进行了定义之外，还定义了 LOAD DATA 和 REPLACE 语句，这两种语句也能引起 INSERT 型的触发器的触发。

LOAD DATA 语句用于将一个文件导入一张数据表中，相当于一系列的 INSERT 操作。

REPLACE 语句和 INSERT 语句很像，只是在表中有 PRIMARY KEY 或 UNIQUE 索引时，如果插入的数据和原来 PRIMARY KEY 或 UNIQUE 索引一致，会先删除原来的数据，然后增加一条新数据，也就是说，一条 REPLACE 语句有时候等价于一条 INSERT 语句，有时候等价于一条 DELETE 语句加上一条 INSERT 语句。

三、任务完成

1. 创建 INSERT 型触发器

【例 6-11】创建一张统计班级人数的表 class_num,然后创建一个触发器,使得当 student 表中增加学生时,class_num 表自动更新。

先创建统计班级人数的 class_num 表,语句如下:

```
CREATE TABLE class_num(
num_no INT  PRIMARY KEY AUTO_INCREMENT,
class_id INT,
class_name CHAR(20),
student_num INT
)ENGINE=InnoDB DEFAULT CHARSET=utf8;
```

创建触发器 tri_class_num 的语句如下:

```
CREATE TRIGGER tri_class_num AFTER INSERT ON student
FOR EACH ROW
BEGIN
    DECLARE num int;
    SET num = (SELECT COUNT(*) FROM student WHERE class_id=new.class_id);
    UPDATE class_num SET student_num = num WHERE class_id=new.class_id;
END;
```

执行以上代码后,为验证触发器的执行效果,向 student 表中插入一条记录如下:

```
INSERT INTO student(st_no,st_password,st_name,st_sex,class_id,dp_id)
VALUES('2014060207','chen24444','陈小东','男',2,1);
```

查询统计班级人数的 class_num 表,结果如图 6-7 所示。

```
mysql> SELECT * FROM class_num;
+--------+----------+--------------------+-------------+
| num_no | class_id | class_name         | student_num |
+--------+----------+--------------------+-------------+
|      1 |        1 | 计算机网络技术     |           4 |
|      2 |        2 | 软件工程           |           4 |
|      3 |        3 | 会计               |           4 |
+--------+----------+--------------------+-------------+
3 rows in set (0.01 sec)
```

图 6-7 查询统计班级人数的表

从结果可以看出,当向 student 表中插入一条记录时,触发器起了作用,相应的班级人数自动增加 1。

2. 创建 DELETE 型触发器

【例 6-12】创建一个触发器,使得当 student 表中删除学生时,class_num 表自动更新。

创建触发器 tri_class_del 的语句如下:

```
CREATE TRIGGER tri_class_del AFTER DELETE ON student
FOR EACH ROW
BEGIN
    DECLARE num int;
    SET num = (SELECT COUNT(*) FROM student WHERE class_id=old.class_id);
    UPDATE class_num SET student_num = num WHERE class_id=old.class_id;
END;
```

执行以上代码后，为验证触发器的执行效果，删除 student 表中的一条记录如下：
```
DELETE FROM student WHERE st_no ='2015060405';
```
查询统计班级人数的 class_num 表，结果如图 6-8 所示。

图 6-8　查询统计班级人数

从结果可以看出，删除 student 表中的一条记录时，触发器起了作用，相应的班级人数自动减 1。

3．创建 UPDATE 型触发器

【例 6-13】创建一个触发器，使得当 class 表修改时，统计班级人数的 class_num 表自动更新。
创建触发器 tri_class_update 的语句如下：
```
CREATE TRIGGER tri_class_update AFTER UPDATE ON class
FOR EACH ROW
BEGIN
   UPDATE class_num SET class_name=new.class_name WHERE class_id =old.class_id;
END;
```
执行以上代码后，为验证触发器执行效果，修改 class 表的字段值如下：
```
UPDATE class SET class_name='网络技术' WHERE class_id=1;
```
执行以上语句，查询 class_num 表，结果如图 6-9 所示。

图 6-9　查看更新结果

从结果可以看出，修改 class 表中 class_name 字段的值时，触发器起了作用，class_num 表相应的班级名自动更新。

4．查看触发器

与查看数据库查看表格一样，查看触发器的语法格式如下：
```
SHOW TRIGGERS [FROM schema_name];
```
schema_name 即 Schema 的名称，在 MySQL 中，Schema 和 Database 是一样的，也就是说，可以指定数据库名，这样就不必先用 USE database_name 语句指定数据库了。

【例 6-14】查看学生竞赛项目管理系统数据库 competition 中的所有触发器。
```
SHOW TRIGGERS FROM competition;
```
以上语句执行之后，输出结果如图 6-10 所示。

Trigger	Event	Table	Statem...	Timing	Created	sql_m...	Definer	character_s...	collation_conn...	Database Coll...
tri_class_update	UPDATE	class	<MEMO>	AFTER	<NULL>	<MEMO>	root@localhost	utf8mb4	utf8mb4_general	utf8_general_ci
tri_class_num	INSERT	student	<MEMO>	AFTER	<NULL>	<MEMO>	root@localhost	utf8mb4	utf8mb4_general	utf8_general_ci
tri_class_del	DELETE	student	<MEMO>	AFTER	<NULL>	<MEMO>	root@localhost	utf8mb4	utf8mb4_general	utf8_general_ci

图 6-10 competition 数据库中的所有触发器

5．删除触发器

和删除数据库、删除表一样，删除触发器的语法格式如下：

```
DROP TRIGGER [IF EXISTS] [schema_name.] trigger_name;
```

【例 6-15】删除学生竞赛项目管理系统数据库 competition 中的 tri_class_num 触发器。

```
DROP TRIGGER tri_class_num;
```

四、任务总结

本任务结合学生竞赛项目管理系统，介绍了触发器的触发条件和使用方法，通过 3 个案例介绍 3 种类型触发器的使用过程：INSERT 型触发器、DELETE 型触发器和 UPDATE 型触发器，然后介绍查看触发器和删除触发器的方法。

通过以上的学习可知，当触发器触发时数据库就会自动执行触发器中的程序语句，从而实现了维护数据的完整性。

任务四　游标的使用

一、任务描述

游标是由一个查询结果集和在结果集中指向特定记录的游标位置组成的一个临时文件，它提供了在查询结果集中向前或向后浏览数据、处理结果、集中数据的能力。有了游标，用户就可以访问结果集中任意一行数据，可以在游标指向的位置处执行操作。本任务主要实现在学生竞赛项目管理系统数据库中，创建存储过程并在存储过程中使用游标，逐条读取记录。

二、任务分析

游标的使用一般分为 5 个步骤，分别是：定义游标→打开游标→使用游标→关闭游标→释放游标。

（1）定义游标

```
DECLARE <游标名> CURSOR FOR [SELECT 语句];
```

这个语句用于定义一个游标。也可以在子程序中定义多个游标，但是一个块中的每个游标必须有唯一的名称。定义游标后进行单条操作，但不能用 SELECT 语句，不能有 INTO 子句。

（2）打开游标

```
OPEN <游标名>;
```

这个语句用于打开之前定义的游标。

（3）使用游标

```
FETCH <游标名> INTO var_name [, var_name] …
```

这个语句使用指定的游标读取下一行（如果有下一行的话），并且移动游标指针到该行。

（4）关闭游标

```
CLOSE <游标名>;
```

这个语句用于关闭之前打开的游标。

（5）释放游标

```
DEALLOCATE <游标名>;
```

这个语句用于释放之前定义的游标。

三、任务完成

【例 6-16】创建一个存储过程，并在存储过程中使用游标，逐条读取记录。

```
CREATE PROCEDURE mytest()
BEGIN
    DECLARE xuehao CHAR(10);
    DECLARE xingming VARCHAR(20);
    DECLARE xingbie CHAR(2);
    DECLARE mycursor CURSOR FOR SELECT st_no ,st_name,st_sex FROM student;
    OPEN mycursor;
    FETCH next FROM mycursor INTO xuehao,xingming,xingbie;
    SELECT xuehao,xingming,xingbie;
    CLOSE mycursor;
END;
```

以上语句执行后，调用存储过程，测试效果，语句如下：

```
CALL mytest();
```

执行结果如图 6-11 所示。

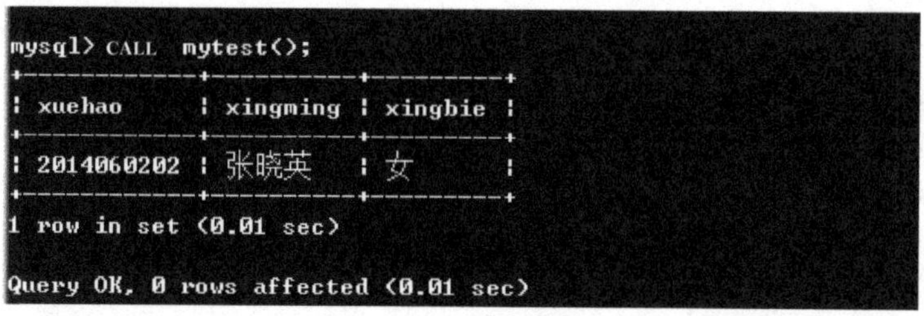

```
mysql> CALL  mytest();
+------------+----------+---------+
| xuehao     | xingming | xingbie |
+------------+----------+---------+
| 2014060202 | 张晓英   | 女      |
+------------+----------+---------+
1 row in set (0.01 sec)

Query OK, 0 rows affected (0.01 sec)
```

图 6-11　查看使用游标效果

以上结果说明游标指向第一条记录，并把第一条记录读取出来。

四、任务总结

本任务结合学生竞赛项目管理系统，介绍了使用游标的 5 个步骤，包括定义游标、打开游标、使用游标、关闭游标、释放游标，然后利用一个案例介绍在存储过程中使用游标读取查询结果中数据的方法。

任务五　事务

一、任务描述

在用户使用 MySQL 的过程中，对于一般简单的业务逻辑或中小型程序而言，无须考虑应用 MySQL 事务。但在比较复杂的情况下，需要通过一组 SQL 语句执行多项并行业务逻辑或程序时，就必须保证所有命令执行的同步性，使执行序列中产生依靠关系的动作能够同时操作成功或同时返回初始状态。在此情况下，就需要用户优先考虑使用 MySQL 事务处理机制。

本任务结合学生竞赛项目管理系统，根据事务使用的一般过程，学习初始化事务、创建事务、提交事务、撤销事务，通过使用事务实现命令执行的同步性。

二、任务分析

事务（Transaction）有以下 4 个属性，通常称为 ACID。

① 原子性：一个事务中的所有操作，要么全部完成，要么全部不完成，不会结束在中间某个环节。事务在执行过程中若发生错误，会回滚（Rollback）到事务开始前的状态，就像这个事务从来没有被执行过一样。

② 一致性：在事务开始之前和事务结束以后，数据库的完整性没有被破坏。这表示写入的数据必须完全符合所有的预设规则，包含数据的精确度、串联性。后续数据库可以自发地完成预设的工作。

③ 隔离性：数据库允许多个并发事务同时对其数据进行读写和修改，隔离性可以防止多个事务并发执行时由于交叉执行而导致的数据不一致问题。事务隔离分为不同级别，包括读未提交（Read uncommitted）、读提交（Read committed）、可重复读（Repeatable read）和串行化（Serializable）。

④ 持久性：事务处理结束后，对数据的修改就是永久的，即使系统故障也不会丢失。

通过 InnoDB 和 BDB 类型表，MySQL 事务能够完全满足事务安全的 ACID 测试，但是，并不是所有类型的表都支持事务，如 MyISAM 表就不支持事务，只能通过伪事务对该表实现事务处理。

三、任务完成

1. 事务的使用

使用事务的一般过程是：初始化事务→创建事务→提交事务→撤销事务。如果用户操作不当，执行事务提交，则系统会默认执行回滚操作。如果用户在提交事务前选择撤销事务，则用户在撤销前的所有事务将被取消，数据库系统会回到初始状态。

（1）初始化事务

初始化 MySQL 事务，首先声明初始化 MySQL 事务后所有的 SQL 语句为一个单元。在 MySQL 中，应用 START TRANSACTION 语句来标记一个事务的开始。初始化事务的语法格式如下：

```
START TRANSACTION;
```

或

```
BEGIN;
```

（2）创建事务

创建事务是在初始化事务成功之后，执行的一系列 SQL 语句，例如，初始化事务成功后，向表 student 中插入两条记录，具体如下：

```
START TRANSACTION;
INSERT INTO student VALUES(null, '2015060408', 'wang123', '王明敏',
'女', 3, 2), (NULL, '2015060409', 'cheng123', '陈彬', '男', 3, 2);
```

（3）提交事务

在用户没有提交事务之前，当其他用户连接 MySQL 服务器时，应用 SELECT 语句查询结果，则不会显示没有提交的事务。当且仅当用户成功提交事务后，其他用户才可能通过 SELECT 语句查询事务结果。

由事务的特性可知，事务具有隔离性，当事务处在处理过程中时，其实 MySQL 并未将结果写入磁盘，这样一来，这些正在处理的事务相对其他用户是不可见的。一旦数据被正确插入，用户就可以使用 COMMIT 命令提交事务。提交事务的语句如下：

```
COMMIT;
```

以上语句执行之后,可以通过 SELECT 语句查询事务执行的结果。

(4) 撤销事务(事务回滚)

撤销事务,又称事务回滚。即事务被用户开启、用户输入的 SQL 语句被执行后,如果创建事务时的 SQL 语句与业务逻辑不符,或者数据库操作错误,可使用 ROLLBACK 语句撤销数据库的所有变化。撤销事务的语句如下:

```
ROLLBACK;
```

也可以通过 ROLLBACK TO SAVEPOINT 语句回滚到指定的位置,但需要在创建事务时通过 SAVEPOINT 设置回滚的位置点。例如,向 student 表中插入 3 条记录时,利用 SAVEPOINT 设置 3 个回滚的位置点,SQL 语句如下:

```
START TRANSACTION;
INSERT INTO student VALUES(null, '2015060410', 'luo123', '罗小峰',
'男', 3, 2);
SAVEPOINT test1;
INSERT INTO student VALUES(null, '2015060411', 'zhang123', '张宇',
'男', 3, 2);
SAVEPOINT test2;
INSERT INTO student VALUES(null, '2015060412', 'xie123', '谢显兴',
'男', 3, 2);
SAVEPOINT test3;
```

以上代码都在创建事务时设置了 3 个回滚位置点,插入语句有误时,可以回滚到相应的位置,假设第 3 条插入语句有误,可以利用以下语句回滚到 test2:

```
ROLLBACK TO SAVEPOINT test2;
```

可以根据需要删除回滚位置,例如,删除回滚位置 test1,语句如下:

```
RELEASE SAVEPOINT test1;
```

2. 事务的隔离级别

数据库在多线程并发访问时,用户可以通过不同的线程执行不同的事务,事务中的这种并发访问可能会导致以下几个问题。

① 脏读(Dirty Read):所有事务都可以看到其他未提交事务的执行结果。
② 不可重复读(Nonrepeatable Read):一个事务只能看见已经提交的事务所做的改变。
③ 幻读(Phantom Read):同一事务的多个实例在并发读取数据时,会看到同样的数据行。

为了保证这些事务和数据库性能都不受影响,设置事务的隔离级别是非常必要的,MySQL 数据库中,有以下 4 种隔离级别。

(1) READ_UNCOMMITTED(未提交读)

这是事务最低的隔离级别,它允许另外一个事务看到这个事务未提交的数据。这种隔离级别可能会导致脏读、不可重复读、幻读。

(2) READ_COMMITTED(提交后读)

它保证一个事务修改的数据提交后才能被另外一个事务读取,即另外一个事务不能读取该事务未提交的数据。这种隔离级别可能会导致不可重复读和幻读。

(3) REPEATABLE_READ(可重读)

它保证一个事务在相同条件下前后两次获取的数据是一致的。此隔离级别可能出现的问题是幻读,但 InnoDB 和 Falcon 存储引擎通过多版本并发控制机制解决了该问题。

(4) SERIALIZABLE(序列化)

事务被处理为顺序执行。这个隔离级别可能导致大量的超时现象和锁竞争。

3. 查看隔离级别

MySQL 中提供了以下几种不同的方式查看隔离级别，可以根据具体情况选择相应的方式。

（1）查看全局隔离级别

```
SELECT @@global.tx_isolation;
```

（2）查看当前进程中的隔离级别

```
SELECT @@session.tx_isolation;
```

（3）查看下一事务的隔离级别

```
SELECT @@tx_isolation;
```

4. 修改隔离级别

在 MySQL 中，事务隔离级别的修改可以通过全局修改或者 SET 两种方式进行，具体如下。

（1）全局修改

打开 MySQL 的配置文件 my.ini，设置参数 transaction-isolation，其值为 READ_UNCOMMITTED、READ_COMMITTED、REPEATABLE_READ、SERIALIZABLE 中的一种，语法格式如下：

```
transaction-isolation=参数值;
```

（2）通过 SET 进行设置

在打开的进程中，通过 SET 进行隔离级别的设置，语法格式如下：

```
SET [SESSION | GLOBAL] TRANSACTION ISOLATION LEVEL 参数值;
```

四、任务总结

本任务结合学生竞赛项目管理系统，介绍了事务的 4 个标准属性，即原子性、一致性、隔离性、持久性。然后介绍了事务的一般过程：初始化事务、创建事务、提交事务、撤销事务。最后介绍了事务隔离级别的作用，以及查看和修改事务隔离级别的方法。

实践训练

【实践任务 1：存储函数练习】

（1）创建一个存储函数 myclass()，返回 class 表中 class_id 为 2 的班级名。

（2）创建一个存储函数 myclass2()，根据指定的学生学号，返回该学生所在的班级名。

（3）创建一个存储函数 class_num()，通过调用存储函数 myclass() 获得学生所在的班级名，然后返回该学生所在班级的总人数。

【实践任务 2：存储过程练习】

（1）创建不带参数的存储过程 pr_count()，用于统计 student 表中男生的总人数。

（2）创建一个带参数的存储过程 pr_student()，根据学生学号查询学生所在班级。

（3）创建一个存储过程 pr_class()，用参数指定班级名，查询该班级总人数。

【实践任务 3：游标练习】

（1）游标的作用是什么？

（2）使用游标的 5 个步骤是什么？

（3）请使用游标和循环语句编写一个存储过程 pr_student()，根据学生编号查询学生的姓名、性别、所在班级名，并按照班级名分组输出。

【实践任务 4：触发器练习】

（1）在数据库 competition 中，创建一个触发器 del_trigger，使得当 student 表中删除一条记录时，用户变量 theout 的值就设置为"信息删除成功"。

（2）在数据库 competition 中，创建一个触发器 update_trigger，使得当修改 student 表中的学号时，学生参赛表 st_project 中的学号也相应更新。

【实践任务 5：事务练习】

（1）事务的隔离级别有几种？它们有什么特点？

（2）查看事务全局隔离级别的语句是什么？

（3）要把事务的隔离级别设置成 REPEATABLE_READ，应该怎么修改？

（4）使用事务，执行如下步骤：首先开始一个事务，然后删除 student 表中的所有内容，并查看表中的内容。执行 ROLLBACK 撤销事务后，重新查询表中的数据。

项目七 数据库索引与视图

学习目标		
项目任务	任务一 索引的创建与删除 任务二 视图的创建与管理	
知识目标	（1）掌握索引、视图的含义和作用 （2）了解索引的分类 （3）掌握创建、删除索引的方法 （4）掌握创建、修改、更新、删除视图的方法	
能力目标	（1）能够创建索引 （2）能够删除索引 （3）能够创建视图 （4）能够查看、修改视图 （5）能够更新、删除视图	
素质目标	（1）形成自主好学的学习态度 （2）养成务实解决问题的习惯 （3）培养团队协作的精神	

任务一 索引的创建与删除

一、任务描述

大型数据库中的表要容纳成千上万甚至上百万的数据，学生竞赛项目管理系统中，有些表中的记录也非常多。当用户检索大量数据时，如果遍历表中的所有记录，查询时间就会比较长。通过为表创建或添加一些合适的索引，可以提高数据检索速度，改善数据库性能。但创建和维护索引也要耗费时间，并且随着数据量的增加，耗费的时间会变长。此外，索引需要占用物理空间，对表中的数据进行增加、删除、修改时，文件占用的磁盘空间会变大。有经验的工程师在插入大量记录时，往往会先删除索引，接着插入数据，最后再重新创建索引。

本任务主要完成创建和删除索引。创建索引可以通过两种不同的方法，分别是在创建表的时候创建索引和在已存在的表中添加索引。对已存在的、不必要的索引进行删除，也有两种方式，分别为使用 ALTER TABLE 语句和使用 DROP INDEX 语句。

二、任务分析

在 MySQL 中，索引是对数据库中单列或者多列的值进行排序后的一种特殊的数据库结构，利用它可以快速指向数据库中数据表的特定记录，索引是提高数据库性能的重要方式。

在 MySQL 中，索引的分类有很多种，根据索引应用范围和查询需求的不同，大致可分为 7 类，具体如下。

（1）普通索引：这是最基本的索引，它没有任何限制，是 MySQL 中的基本类型，它由关键字 KEY 或者 INDEX 定义。

（2）唯一索引：索引字段的值必须唯一，但允许有空值（注意和主键不同），它由关键字 UNIQUE 定义。

（3）主键索引：是一种特殊的索引，用于根据主键自身的唯一性标识每条记录。

（4）全文索引：使用 FULLTEXT 参数可以设置全文索引。全文索引只能在 CHAR、VARCHAR 或者在 TEXT 类型的字段上创建。查询数据量较大的字符串类型的字段时，使用全文索引可以大大提高查询速度。MySQL 中只有 MyISAM 存储引擎支持全文索引。

（5）单列索引：是指在表中某个字段上创建的索引，可以是普通索引，也可以是唯一索引，还可以是全文索引，只需要保证该索引值对应一个字段即可。

（6）多列索引：是指在表中多个字段上创建的索引，且只有在查询条件中使用了这些字段中的第一个字段时，它才会被使用。

（7）空间索引：能提高系统获取空间数据的效率，由 SPATIAL 定义在空间数据类型的字段上，MySQL 中只有 MyISAM 存储引擎支持空间索引。

三、任务完成

1. 创建表的时候创建索引

使用 CREATE TABLE 语句在创建数据表时直接创建索引，这种方式比较直接、方便。其语法格式如下：

```
CREATE TABLE 表名(
字段名 数据类型[约束条件],
字段名 数据类型[约束条件]
……
字段名 数据类型
[UNIQUE | FULLTEXT | SPATIAL ] INDEX | KEY
[别名]( 字段名1 [(长度)] [ASC | DESC]));
```

① [UNIQUE | FULLTEXT | SPATIAL]为可选参数，分别表示唯一索引、全文索引和空间索引。
② INDEX 和 KEY 为同义词，两者作用相同，用来创建索引。
③ 别名为可选参数，用来为创建的索引取新的名字。
④ 字段名为需要创建索引的字段，该字段必须从数据表中定义的多个字段中选择。
⑤ 长度为可选参数，表示索引的长度，只有字符串类型的字段才能指定索引长度。
⑥ ASC 或 DESC 指定索引值存储为升序或降序。

（1）创建普通索引

【例 7-1】在 competition 数据库中，创建一张 student 表，并为其字段 st_id 创建普通索引。

```
CREATE TABLE student(
st_id INT,
st_no CHAR(10) NOT NULL,
st_password VARCHAR(12) NOT NULL,
st_name VARCHAR(20) NOT NULL,
st_sex CHAR(2) DEFAULT '男',
class_id INT,
dp_id INT,
INDEX(st_id)
);
```

执行结果如图 7-1 所示。

图 7-1 创建普通索引

以上语句执行之后，在命令提示符窗口中通过下面的语句查看普通索引是否创建成功。

```
SHOW CREATE TABLE student\G;
```

执行结果如图 7-2 所示，可以清晰地看到，该表结构的索引为 st_id，表明 student 表的索引创建成功，后文其余索引创建后，均可使用该语句查看对应索引是否创建成功。

图 7-2 查看 student 表的结构

（2）唯一索引

【例 7-2】在 competition 数据库中，创建一张 department 表，并为其字段 dp_name 创建唯一索引。

```
CREATE TABLE department(
dp_id INT NOT NULL,
dp_name VARCHAR(20) NOT NULL,
dp_phone VARCHAR(20),
dp_info TEXT,
UNIQUE INDEX uniquedp_name (dp_name)
);
```

执行结果如图 7-3 所示。

图 7-3 创建唯一索引

以上代码是为 department 表的 db_name 字段创建了唯一索引,需要注意的是,创建唯一索引的字段的值必须是唯一的。也就是字段 db_name 中不能出现两个或两个以上相同的值。

(3) 主键索引

【例 7-3】在 competition 数据库中,创建一张 teacher 表,并为其字段 tc_id 创建主键索引。

```
CREATE TABLE  teacher(
tc_id INT  NOT NULL  PRIMARY KEY,
tc_no CHAR(10) NOT NULL,
tc_password VARCHAR(12) NOT NULL,
tc_name VARCHAR(20) NOT NULL,
tc_sex CHAR(2) DEFAULT '男',
dp_id INT,
tc_info TEXT
);
```

执行结果如图 7-4 所示。

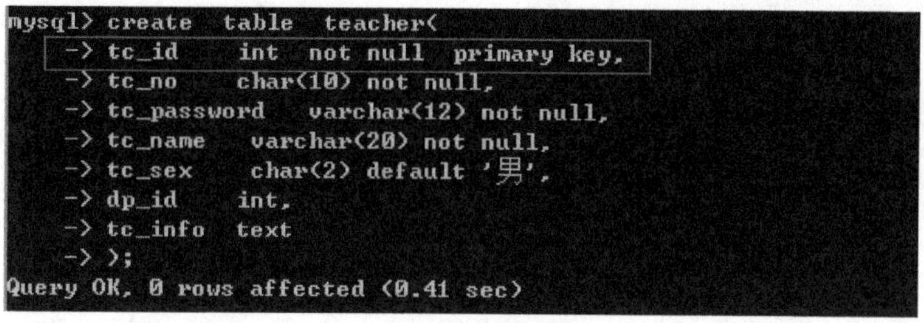

图 7-4 创建主键索引

以上代码是为 teacher 表的 tc_id 字段创建了一个主键索引,与唯一索引不同的是,每张表只能有一个主键索引,而唯一索引可以有多个。

(4) 单列索引

【例 7-4】在 competition 数据库中,创建一张 project 表,并为其字段 pr_name 创建单列索引。

```
CREATE  TABLE  project(
pr_id INT  PRIMARY KEY AUTO_INCREMENT,
pr_name  VARCHAR(50) NOT NULL,
dp_id INT,
dp_address  VARCHAR(50),
pr_time DATETIME,
pr_trainaddress  VARCHAR(50),
pr_start DATETIME,
pr_end DATETIME,
pr_days INT,
pr_info TEXT,
pr_active CHAR(2),
Index single(pr_name(10))
);
```

执行结果如图 7-5 所示。

```
mysql> create    table    project(
    -> pr_id     int    primary key auto_increment,
    -> pr_name varchar(50) not null,
    -> dp_id    int,
    -> dp_address  varchar(50),
    -> pr_time    datetime,
    -> pr_trainaddress   varchar(50),
    -> pr_start   datetime,
    -> pr_end     datetime,
    -> pr_days    int,
    -> pr_info   text,
    -> pr_active char(2),
    -> Index single(pr_name(10))
    -> );
Query OK, 0 rows affected (0.33 sec)
```

图 7-5 创建单列索引

以上代码是为 project 表的 pr_name 字段创建长度为 10 的索引,细心的读者可以发现,比其原来的定义长度 50 小了很多,这样设置索引长度可以提高查询效率,优化查询速度。

(5) 多列索引

【例 7-5】在 competition 数据库中,创建一张 class 表,并为其字段 class_id 和 class_name 设置多列索引。

```
CREATE TABLE class(
class_id INT PRIMARY KEY AUTO_INCREMENT,
class_no CHAR(10) NOT NULL,
class_name CHAR(20) NOT NULL,
class_grade CHAR(10) NOT NULL,
dp_id INT,
INDEX MULTI(class_id,class_name)
);
```

执行结果如图 7-6 所示。

```
mysql> create  table  class(
    -> class_id    int   primary key auto_increment,
    -> class_no   char(10) not null,
    -> class_name  char(20) not null,
    -> class_grade char(10) not null,
    -> dp_id  int,
    -> Index multi(class_id,class_name)
    -> );
Query OK, 0 rows affected (0.31 sec)
```

图 7-6 创建多列索引

以上代码在 project 表中创建了一个多列索引,字段包括 class_id 和 class_name。使用多列索引时需要注意,不是查询每个字段都可以使用此索引,只有在查询条件中使用 class_id 时,索引才生效,即要符合最左前缀原则。

(6) 全文索引

【例 7-6】在 competition 数据库中,创建一张 st_project 表,并为其字段 remark 创建全文索引。

```
CREATE TABLE st_project
st_pid INT PRIMARY KEY AUTO_INCREMENT,
st_id INT,
pr_id INT,
tc_id INT,
```

```
    remark TEXT(255),
    FULLTEXT INDEX FullTxrk(remark)
)ENGINE=MyISAM DEFAULT CHARSET=utf8;
```
执行结果如图 7-7 所示。

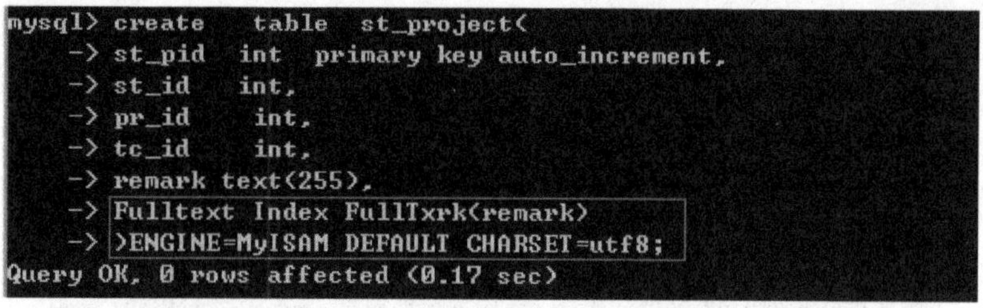

图 7-7 创建全文索引

以上代码在 st_project 表的 remark 字段上创建了一个全文索引，对于带有内容较多的字段，可以使用全文索引。需要注意的是，MySQL5.7 中默认的存储引擎为 InnoDB，创建全文索引需要将表的存储引擎设为 MyISAM。另外，全文索引不支持中文索引，使用时，字符集需要经过处理。

（7）空间索引

【例 7-7】在 competition 数据库中，创建一张 admin 表，并为其字段 ad_name 创建空间索引。

```
CREATE TABLE admin(
ad_id   INT  PRIMARY KEY AUTO_INCREMENT,
ad_name GEOMETRY NOT NULL,
ad_password VARCHAR(12) NOT NULL,
ad_type CHAR(12),
SPATIAL INDEX ad_ne(ad_name)
)ENGINE=MyISAM;
```
执行结果如图 7-8 所示。

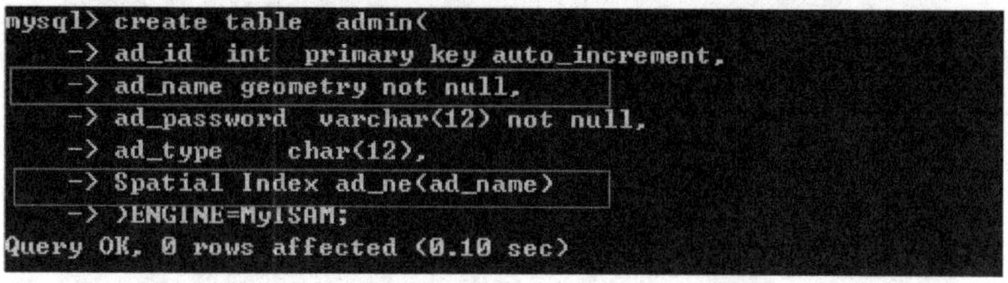

图 7-8 创建空间索引

以上代码是为 admin 表的 ad_name 字段创建了一个空间索引。

2. 在已存在的表中添加索引

在已存在的表中，可以用 CREATE INDEX 或 ALTER TABLE 语句，直接为表中的一个或几个字段添加索引。

（1）使用 CREATE INDEX 添加索引

基本语法格式如下：

```
CREATE [UNIQUE | FULLTEXT | SPATIAL ] INDEX 别名
ON 表名 (字段名1 [(长度)] [ASC | DESC])
);
```

参数含义详见上文“创建表的时候创建索引”中的含义介绍。

【例 7-8】 在 competition 数据库中，为已经存在的 student 表的字段 st_id 添加普通索引。

添加索引之前用 SHOW CREATE TABLE 语句查看 student 表的结构，如图 7-9 所示，可知该表未对 st_id 字段设置索引。

```
mysql> show create table student\G
*************************** 1. row ***************************
       Table: student
Create Table: CREATE TABLE `student` (
  `st_id` int(11) DEFAULT NULL,
  `st_no` char(10) NOT NULL,
  `st_password` varchar(12) NOT NULL,
  `st_name` varchar(20) NOT NULL,
  `st_sex` char(2) DEFAULT '男',
  `class_id` int(11) DEFAULT NULL,
  `dp_id` int(11) DEFAULT NULL,
  KEY `st_id` (`st_id`)
) ENGINE=InnoDB DEFAULT CHARSET=utf8
1 row in set (0.00 sec)
```

图 7-9　查看 student 表未添加索引前的结构

然后输入如下代码：

```
CREATE INDEX indexst_id ON student(st_id);
```

代码执行结果如图 7-10 所示。

```
mysql> create Index indexst_id ON student(st_id);
Query OK, 0 rows affected, 1 warning (0.46 sec)
Records: 0  Duplicates: 0  Warnings: 1
```

图 7-10　在 student 表中添加普通索引

使用 SHOW CREATE TABLE 语句再次查看 student 表的结构，如图 7-11 所示，可发现字段 st_id 的索引添加成功。

```
mysql> show create table student\G
*************************** 1. row ***************************
       Table: student
Create Table: CREATE TABLE `student` (
  `st_id` int(11) DEFAULT NULL,
  `st_no` char(10) NOT NULL,
  `st_password` varchar(12) NOT NULL,
  `st_name` varchar(20) NOT NULL,
  `st_sex` char(2) DEFAULT '男',
  `class_id` int(11) DEFAULT NULL,
  `dp_id` int(11) DEFAULT NULL,
  KEY `st_id` (`st_id`),
  KEY `indexst_id` (`st_id`)
) ENGINE=InnoDB DEFAULT CHARSET=utf8
1 row in set (0.00 sec)
```

图 7-11　查看 student 表添加索引后的结构

（2）使用 ALTER TABLE 添加索引

基本语法格式如下：

```
ALTER  TABLE 表名 ADD [UNIQUE | FULLTEXT | SPATIAL ] INDEX }KEY
别名 ( 字段名1 [(长度)] [ASC | DESC])
);
```

【例 7-9】 在 competition 数据库中，为已经存在的 class 表的字段 class_id，class_name 添加多列索引。

添加索引之前用 SHOW CREATE TABLE 语句查看 class 表的结构，如图 7-12 所示，发现该表未对 class_id 和 class_name 字段设置索引。

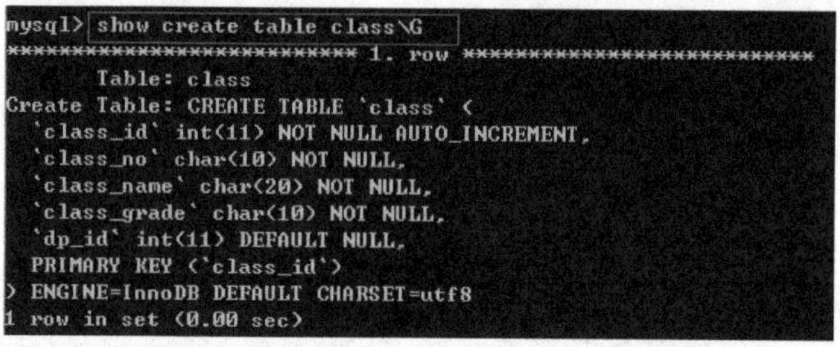

```
mysql> show create table class\G
*************************** 1. row ***************************
       Table: class
Create Table: CREATE TABLE `class` (
  `class_id` int(11) NOT NULL AUTO_INCREMENT,
  `class_no` char(10) NOT NULL,
  `class_name` char(20) NOT NULL,
  `class_grade` char(10) NOT NULL,
  `dp_id` int(11) DEFAULT NULL,
  PRIMARY KEY (`class_id`)
) ENGINE=InnoDB DEFAULT CHARSET=utf8
1 row in set (0.00 sec)
```

图 7-12　查看 class 表未添加索引前的结构

然后输入如下代码：

```
ALTER TABLE class ADD INDEX  multi(class_id,class_name);
```

代码执行结果如图 7-13 所示。

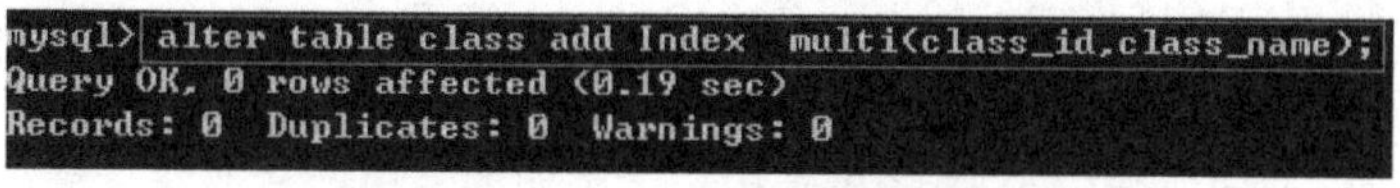

```
mysql> alter table class add Index  multi(class_id,class_name);
Query OK, 0 rows affected (0.19 sec)
Records: 0  Duplicates: 0  Warnings: 0
```

图 7-13　在 class 表中添加多列索引

使用 SHOW CREATE TABLE 语句再次查看 class 表的结构，如图 7-14 所示，可发现字段 class_id 和 class_name 的多列索引添加成功。

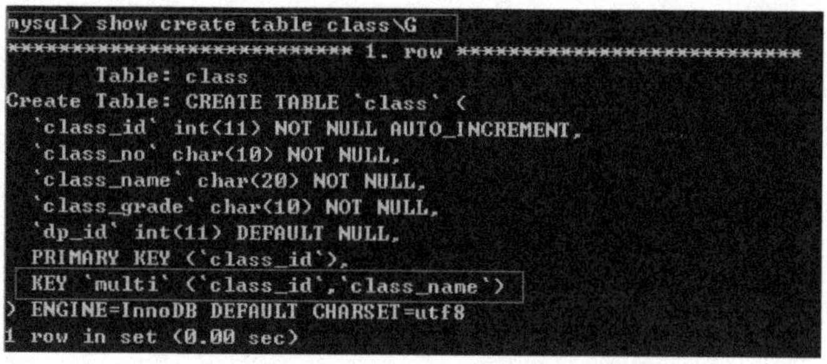

```
mysql> show create table class\G
*************************** 1. row ***************************
       Table: class
Create Table: CREATE TABLE `class` (
  `class_id` int(11) NOT NULL AUTO_INCREMENT,
  `class_no` char(10) NOT NULL,
  `class_name` char(20) NOT NULL,
  `class_grade` char(10) NOT NULL,
  `dp_id` int(11) DEFAULT NULL,
  PRIMARY KEY (`class_id`),
  KEY `multi` (`class_id`,`class_name`)
) ENGINE=InnoDB DEFAULT CHARSET=utf8
1 row in set (0.00 sec)
```

图 7-14　查看 class 表添加索引后的结构

3．删除索引

（1）使用 DROP INDEX 删除索引

基本语法格式如下：

```
DROP INDEX 别名 ON 表名;
```

【例 7-10】在 competition 数据库中，将 admin 表的字段 ad_name 设置的空间索引删除。

```
DROP INDEX ad_ne ON admin;
```

代码执行结果如图 7-15 所示（读者可自行用 SHOW CREATE TABLE 语句分别查看 admin 表删除索引前和删除索引后的表结构）。

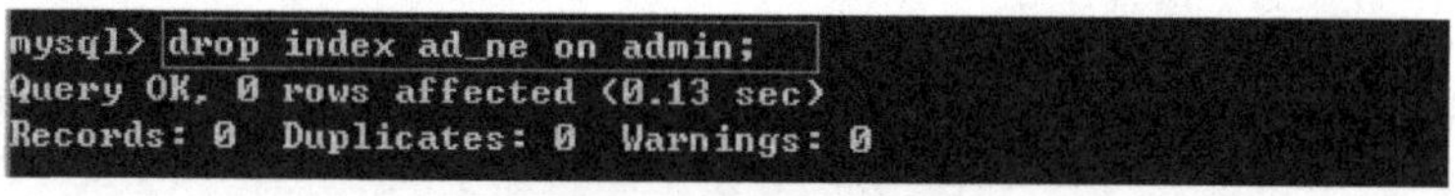

```
mysql> drop index ad_ne on admin;
Query OK, 0 rows affected (0.13 sec)
Records: 0  Duplicates: 0  Warnings: 0
```

图 7-15　删除 admin 表中的空间索引

(2) 使用 ALTER TABLE 删除索引

基本语法格式如下：

```
ALTER TABLE 表名 DROP INDEX 别名;
```

【例 7-11】在 competition 数据库中，将 class 表的字段 class_id 和 class_name 设置的多列索引删除。

```
ALTER TABLE class DROP INDEX multi;
```

代码执行结果如图 7-16 所示（读者可自行用 SHOW CREATE TABLE 语句分别查看 class 表删除索引前和删除索引后的表结构）。

```
mysql> alter table class drop Index multi;
Query OK, 0 rows affected (0.16 sec)
Records: 0  Duplicates: 0  Warnings: 0
```

图 7-16　删除 class 表中的多列索引

四、任务总结

本任务结合学生竞赛项目管理系统中的各数据表，介绍了 MySQL 数据库索引的基础知识，介绍了创建索引和删除索引的方法，应该重点掌握创建索引的两种方法。在实际项目中，读者应结合查询速度、磁盘空间、维护开销等因素尝试使用多个不同的索引，从而建立最优的索引。

任务二　视图的创建与管理

一、任务描述

本任务以学生竞赛项目管理系统为例，在 MySQL 上对单表或多表创建视图，并对视图进行查看、修改、更新、删除等操作，从而快速掌握视图的相关知识和技能。

二、任务分析

视图和真实的表一样，包含一系列带有名称的列和行。但是，视图在数据库中并不以存储的数据值集的形式存在。它是一个虚拟表，视图的数据来自当前或其他数据库中的一张或多张表，或者来自其他视图。通过视图进行查询没有任何限制，当修改视图中的数据时，基本表中相应的数据也会发生变化，当基本表中的数据发生变化时，视图中的数据也会产生变化。

与直接从数据表中读取数据对比，视图有以下几个优点。

（1）视图能简化操作

视图可以使数据库看起来结构简单、清晰，并且可以简化用户的数据查询操作。例如，那些定义了若干张表连接的视图，就将表与表之间的连接操作对用户隐藏起来了。用户所做的只是对一个虚表的简单查询，而这个虚表是怎样得来的，用户无须了解。

（2）视图能增强安全性

设计数据库应用系统时，对不同的用户定义不同的视图，使机密数据不会在不应该看到这些数据的用户视图上。这样，视图机制就自动提供了对机密数据的安全保护功能。

（3）视图能增强数据逻辑独立性

数据的物理独立性是指用户的应用程序不依赖于数据库的物理结构。数据的逻辑独立性是指当数据库重构造时，如增加新的关系或对原有的关系增加新的字段时，用户的应用程序不受影响。层次数据库和网状数据库一般能较好地支持数据的物理独立性，而对于逻辑独立性则不能完全支持。

视图的缺点如下。

（1）性能

利用视图查询数据可能会很慢，如果视图是基于其他视图创建的，则会更慢。

（2）表依赖关系

视图是根据数据库中的基本表创建的。每当更改与其相关联的表的结构时，都必须更改视图。

创建视图时，需要注意以下几点：

① 定义视图的用户必须对所参照的表或视图有查询（即可执行 SELECT 语句）权限；

② 在定义中引用的表或视图必须存在；

③ 默认是在当前数据库创建视图，如果需要在指定数据库创建视图，则需要指定具体数据库名称。

查看视图是查看数据库中已存在的视图的基本信息，包括视图的结构和视图定义的信息，查看视图必须要具有 SHOW VIEW 的权限。

修改视图是修改数据库中已存在的表的定义，当基本表的字段名称或者数据类型等信息改变时，可通过修改视图的方式确保其与基本表信息一致。

视图是一张虚拟的表，本身是没有数据的，当视图中的数据改变时，基本表中的数据也会跟着发生改变，并不是所有的视图都可以更新，以下几种情况下，视图是不能更新的。

① 视图中包含 COUNT()、SUM()、MAX()和 MIN()等函数。

② 视图中包含 UNION、UNION ALL、DISTINCT、GROUP BY 和 HAVIG 等关键字。

③ 常量视图。

④ 视图中的 SELECT 语句中包含子查询。

⑤ 创建视图时，设置 ALGORITHM 为 TEMPTABLE 类型。

删除视图是删除数据库中已存在的视图，只会删除视图的定义，不会删除原数据表中的数据，且用户必须具有 DROP 权限。

三、任务完成

1. 创建视图

在 MySQL 中，可以通过 CREATE VIEW 来创建视图，基本语法格式如下：

```
CREATE [OR REPLACE] [ALGORITHM = {UNDEFINED | MERGE | TEMPTABLE}]
VIEW 视图名 [(字段名)]
AS SELECT 语句
[WITH [CASCADED | LOCAL] CHECK OPTION];
```

① OR REPLACE 是可选参数，表示用该语句替换已有视图。

② ALGORITHM 是可选参数，表示视图选择的算法，有 3 个选项：UNDEFINED 表示自动选择算法，MERGE 表示用视图定义的某一部分取代语句对应的部分，TEMPTABLE 表示将视图的结果存放在临时表中。

③ 字段名为视图的字段定义明确的名称，多个字段名用逗号隔开。

④ AS 指定视图要执行的操作。

⑤ SELECT 语句参数是一个完整的查询语句，表示从表中查出满足条件的记录，将这些记录导入视图中，可在 SELECT 语句中查询多张表或视图。

⑥ WITH CHECK OPTION 是可选参数，表示要在权限范围之内创建视图。

⑦ CASCADED 是可选参数，表示创建视图时需要满足与该视图相关的所有条件。

⑧ LOCAL 是可选参数，表示创建视图时只需要满足修改视图本身定义的条件。

⑨ WITH CHECK OPTION 是可选参数，表示更新视图时要保证在该视图的权限范围之内。

（1）在单表上创建视图

【例 7-12】 为数据库 competition 中的 student 表创建视图 view_st_man，包含男生的 st_no，st_name，st_sex 字段的信息。

在单表上创建视图前，用 SELECT 语句查看 student 表的完整信息，如图 7-17 所示。

```
mysql> select * from student;
+-------+------------+-------------+---------+--------+----------+-------+
| st_id | st_no      | st_password | st_name | st_sex | class_id | dp_id |
+-------+------------+-------------+---------+--------+----------+-------+
|     1 | 1501050101 | 576547      | 罗妙芳  | 女     |        1 |     1 |
|     2 | 1601050102 | 576548      | 陈梓滨  | 男     |        1 |     1 |
|     3 | 1701050103 | 576549      | 黄晓鹏  | 男     |        1 |     1 |
|     4 | 1501050204 | 576550      | 陈俊星  | 男     |        2 |     1 |
|     5 | 1601050205 | 576551      | 梁伟恒  | 男     |        2 |     1 |
|     6 | 1701050206 | 576552      | 叶桂昌  | 男     |        2 |     1 |
+-------+------------+-------------+---------+--------+----------+-------+
6 rows in set (0.00 sec)
```

图 7-17　查看 student 表的完整信息

接着输入如下代码：

```
CREATE VIEW st_man_view
AS
SELECT st_no, st_name, st_sex FROM student WHERE st_sex= '男';
```

代码执行结果如图 7-18 所示。

```
mysql> create view st_man_view
    -> as
    -> select st_no, st_name, st_sex from student where st_sex= '男';
Query OK, 0 rows affected (0.31 sec)
```

图 7-18　创建视图 st_man_view

视图 st_man_view 创建后，通过 SELECT 语句查看视图中的数据，如图 7-19 所示。

```
mysql> select * from st_man_view;
+------------+---------+--------+
| st_no      | st_name | st_sex |
+------------+---------+--------+
| 1601050102 | 陈梓滨  | 男     |
| 1701050103 | 黄晓鹏  | 男     |
| 1501050204 | 陈俊星  | 男     |
| 1601050205 | 梁伟恒  | 男     |
| 1701050206 | 叶桂昌  | 男     |
+------------+---------+--------+
5 rows in set (0.05 sec)
```

图 7-19　查看视图 st_man_view 中的数据

从结果中可以看出，视图 st_man_view 已经成功创建。视图的内容来源于 student 单表，并且隐藏了 st_password 等字段的内容。以后若需要查看同样的信息，则只需要执行简单的查询语句就可以实现，大大简化了操作。

（2）在多表上创建视图

【例 7-13】 为数据库 competition 中的 departmentbak 表和 classbak 表创建一个视图 dp_class_ view，视图内容包括 dp_name，class_name，class_grade 字段。

在多表上创建视图前，用 SELECT 语句查看 departmentbak 表和 classbak 表的完整信息，如图 7-20 和图 7-21 所示。

```
mysql> select * from departmentbak;
+-------+--------------+--------------+---------+
| dp_id | dp_name      | dp_phone     | dp_info |
+-------+--------------+--------------+---------+
|     1 | 信息工程学院 | 0760-6249550 |         |
|     2 | 财经学院     | 0760-6249553 |         |
|     3 | 机电工程系   | 0760-6249522 |         |
+-------+--------------+--------------+---------+
3 rows in set (0.00 sec)
```

图 7-20　查看 departmentbak 表的完整信息

```
mysql> select * from classbak;
+----------+----------+------------+-------------+-------+
| class_id | class_no | class_name | class_grade | dp_id |
+----------+----------+------------+-------------+-------+
|        1 | 04001    | 网络技术   | 14级        |     1 |
|        2 | 04002    | 软件技术   | 14级        |     1 |
|        3 | 05001    | 会计       | 15级        |     2 |
|        4 | 05002    | 财务管理   | 15级        |     2 |
+----------+----------+------------+-------------+-------+
4 rows in set (0.00 sec)
```

图 7-21　查看 classbak 表的完整信息

然后，输入如下代码：

```
CREATE VIEW dp_class_view
AS
SELECT departmentbak.dp_name,classbak.class_name,classbak.class_grade
FROM departmentbak,classbak WHERE departmentbak.dp_id=classbak.dp_id;
```

代码执行结果如图 7-22 所示。

```
mysql> create view dp_class_view
    -> as
    -> select departmentbak.dp_name,classbak.class_name,classbak.class_grade
    -> from departmentbak,classbak where departmentbak.dp_id=classbak.dp_id;
Query OK, 0 rows affected (0.08 sec)
```

图 7-22　创建视图 dp_class_view

视图 dp_class_view 创建后，通过 SELECT 语句可查看视图中的数据，如图 7-23 所示。

```
mysql> select * from dp_class_view;
+--------------+------------+-------------+
| dp_name      | class_name | class_grade |
+--------------+------------+-------------+
| 信息工程学院 | 网络技术   | 14级        |
| 信息工程学院 | 软件技术   | 14级        |
| 财经学院     | 会计       | 15级        |
| 财经学院     | 财务管理   | 15级        |
+--------------+------------+-------------+
4 rows in set (0.09 sec)
```

图 7-23　查看视图 dp_class_view 中的数据

从结果中可以看出，视图 dp_class_view 已经成功创建。视图的内容来源于数据库 competition 中的 departmentbak 表和 classbak 表。

2．查看视图

在 MySQL 中，查看视图必须具有 SHOW VIEW 的权限。查看视图的方式包括使用 DESCRIBE 语句、SHOW TABLE STATUS 语句、SHOW CREATE VIEW 语句。

（1）使用 DESCRIBE 语句查看视图

DESCRIBE 可以简写为 DESC，用来查看表或视图的结构信息，其语法格式如下：

```
DESCRIBE 视图名;
```

【例 7-14】 使用 DESCRIBE 语句查看上文中创建的视图 dp_class_view。

```
DESCRIBE dp_class_view;
```

代码执行结果如图 7-24 所示。

图 7-24　使用 DESCRIBE 语句查看视图 dp_class_view

图 7-24 中，视图 dp_class_view 的结构信息解释如下。
① Field：表示视图中的字段名称。
② Type：表示视图中字段的数据类型。
③ Null：表示视图中字段值是否可以为 NULL 值。
④ Key：表示该字段是否已经创建索引。
⑤ Default：表示该字段是否有默认值。
⑥ Extra：表示该字段的附加信息。

（2）使用 SHOW TABLE STATUS 语句查看视图

MySQL 中，可以使用 SHOW TABLE STATUS 语句来查看视图的信息。其语法格式如下：

```
SHOW TABLE STATUS LIKE '视图名';
```

其中，"LIKE"表示后面匹配的是字符串；"视图名"是指要查看的视图的名称，需要用单引号引起。

【例 7-15】 使用 SHOW TABLE STATUS 语句查看上一节中创建的视图 dp_class_view。

```
SHOW TABLE status LIKE 'dp_class_view'\G
```

代码执行结果如图 7-25 所示。

图 7-25　使用 SHOW TABLE STATUS 语句查看视图 dp_class_view

由图 7-25 可以看到，视图 dp_class_view 的存储引擎、数据长度等信息都显示为 NULL，说明视图为虚表，与普通数据表是有区别的。

（3）使用 SHOW CREATE VIEW 语句查看视图

在 MySQL 中，SHOW CREATE VIEW 语句可以查看视图的详细定义，其语法格式如下：

```
SHOW CREATE VIEW 视图名;
```
【例 7-16】使用 SHOW CREATE VIEW 语句查看上一节中创建的视图 dp_class_view。
```
SHOW CREATE VIEW dp_class_view\G
```
代码执行结果如图 7-26 所示。

图 7-26　使用 SHOW CREATE VIEW 语句查看视图 dp_class_view

执行结果显示了视图 dp_class_view 的详细信息，包括视图的各个属性、WITH LOCAL CHECK OPTION 条件和字符编码等所有信息。

3．修改视图

在 MySQL 中，修改视图的方式有 CREATE OR REPLACE VIEW 语句和 ALTER VIEW 语句两种。

（1）使用 CREATE OR REPLACE VIEW 语句修改视图

CREATE OR REPLACE VIEW 语句的使用非常灵活。在视图已经存在的情况下，可对视图进行修改；当视图不存在时，可以创建视图。CREATE OR REPLACE VIEW 语句的基本语法格式和参数详见前文中的"创建视图"部分。

【例 7-17】使用 CREATE OR REPLACE VIEW 语句修改视图 view_st_man，由原来的 st_no, st_name, st_sex 等字段更换为 st_no, st_name, st_sex, st_password 4 个字段。

执行代码前，使用 DESC 语句查看视图 st_man_view 的结构，以便进行对比，如图 7-27 所示。

图 7-27　查看修改前视图 st_man_view 的结构

输入如下代码：
```
CREATE OR REPLACE VIEW st_man_view
AS
SELECT st_no,st_name,st_sex,st_password
FROM student WHERE st_sex= '男';
```
代码执行结果如图 7-28 所示。

再次输入 DESC 语句查看修改后的视图 st_man_view，如图 7-29 所示。

```
mysql> create or replace view st_man_view
    -> as
    -> select st_no,st_name,st_sex,st_password
    -> from student where st_sex='男';
Query OK, 0 rows affected (0.01 sec)
```

图 7-28　修改视图 st_man_view

```
mysql> DESC st_man_view;
+-------------+-------------+------+-----+---------+-------+
| Field       | Type        | Null | Key | Default | Extra |
+-------------+-------------+------+-----+---------+-------+
| st_no       | char(10)    | NO   |     | NULL    |       |
| st_name     | varchar(20) | NO   |     | NULL    |       |
| st_sex      | char(2)     | YES  |     | 男      |       |
| st_password | varchar(12) | NO   |     | NULL    |       |
+-------------+-------------+------+-----+---------+-------+
4 rows in set (0.00 sec)
```

图 7-29　查看修改后的视图 st_man_view

从结果中可以看到，修改后的新视图 st_man_view，比原视图多了一个字段 st_password。

（2）使用 ALTER VIEW 语句修改视图

ALTER VIEW 语句可以改变视图的定义，包括有定义索引的视图，但不影响所依赖的存储过程或触发器，该语句与 CREATE VIEW 语句有着同样的限制：如果删除索引并重建了一个视图，就必须重新为它分配权限。

其基本语法格式如下：

```
ALTER [ ALGORITHM = { UNDEFINED | MERGE | TEMPTABLE } ]
VIEW  视图名  [ ( 字段名 ) ]
AS  SELECT 语句
[ WITH [ CASCADED | LOCAL ] CHECK OPTION ] ;
```

相关参数含义详见前文中的"创建视图"部分。

【例 7-17】使用 ALTER VIEW 语句修改上一节中创建的视图 st_man_view，将视图中的字段改为 st_no 和 st_sex 字段的信息。

```
ALTER VIEW  st_man_view
AS
SELECT st_no, st_sex FROM student WHERE st_sex= '男';
```

代码执行结果如图 7-30 所示。

```
mysql> alter view  st_man_view
    -> as
    -> select st_no, st_sex from student where st_sex='男';
Query OK, 0 rows affected (0.19 sec)
```

图 7-30　修改视图 st_man_view

上述语句执行成功后，可以使用 DESC st_man_view 语句查看修改后的视图，结果如图 7-31 所示。

```
mysql> DESC st_man_view;
+--------+----------+------+-----+---------+-------+
| Field  | Type     | Null | Key | Default | Extra |
+--------+----------+------+-----+---------+-------+
| st_no  | char(10) | NO   |     | NULL    |       |
| st_sex | char(2)  | YES  |     | 男      |       |
+--------+----------+------+-----+---------+-------+
2 rows in set (0.05 sec)
```

图 7-31　查看修改后的视图 st_man_view

4. 更新视图

因为视图是一个虚拟表，没有数据，因此视图更新时，要转换到基本表来更新。更新视图时，只能更新权限范围内的数据。超出了范围，就不能更新了。可以通过插入（INSERT）、更新（UPDATE）和删除（DELETE）来更新视图中的数据。

（1）使用 UPDATE 语句更新视图

【例 7-18】使用 UPDATE 语句更新视图 dp_class_view 中 class_name 字段对应的数据值，将原来的数值"软件技术"改为"通信技术"。

先用 SELECT * FROM dp_class_view 语句查看更新前视图 dp_class_view 中的数据，结果如图 7-32 所示。

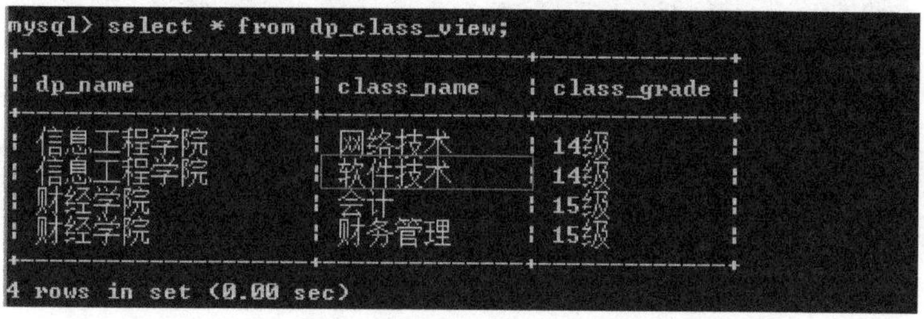

图 7-32　查看更新前视图 dp_class_view 中的数据

使用 UPDATE 语句更新视图 dp_class_view 中的数据，输入如下代码：

```
UPDATE dp_class_view SET class_name='通信技术'
WHERE class_name='软件技术';
```

代码执行结果如图 7-33 所示。

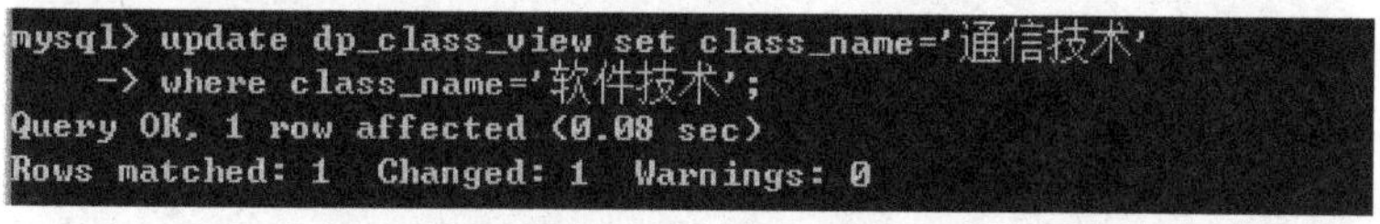

图 7-33　更新视图 dp_class_view 中的数据

输入 SELECT * FROM dp_class_view 语句查看更新后的视图 dp_class_view 中的数据，如图 7-34 所示，从结果可知，更新成功。

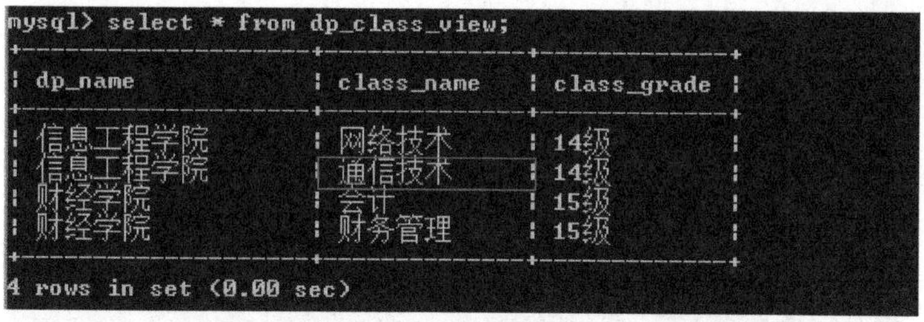

图 7-34　查看更新后视图 dp_class_view 中的数据

再通过 SELECT * FROM classbak 语句查看更新后原数据表 clasbak 中的数据，如图 7-35 所示，可以看到，视图更新时，原数据表也一起更新。

（2）使用 INSERT 语句更新视图

【例 7-19】使用 INSERT 语句向 classbak 表中插入一条记录，从而使视图 dp_class_view 对应增加一条记录。

在 classbak 表输入如下代码：

```
INSERT INTO classbak(class_no,class_name,class_grade,dp_id)
VALUES('04003','计算机应用技术','14 级','1');
```

代码执行结果如图 7-36 所示。

```
mysql> select * from classbak;
+----------+----------+--------------+-------------+-------+
| class_id | class_no | class_name   | class_grade | dp_id |
+----------+----------+--------------+-------------+-------+
|        1 | 04001    | 网络技术     | 14级        |     1 |
|        2 | 04002    | 通信技术     | 14级        |     1 |
|        3 | 05001    | 会计         | 15级        |     2 |
|        4 | 05002    | 财务管理     | 15级        |     2 |
+----------+----------+--------------+-------------+-------+
4 rows in set (0.00 sec)
```

图 7-35　查看更新后原表 classbak 中的数据

```
mysql> insert into classbak(class_no,class_name,class_grade,dp_id)
    -> values('04003','计算机应用技术','14级','1');
Query OK, 1 row affected (0.13 sec)
```

图 7-36　更新 classbak 表中的数据

输入 SELECT *　FROM classbak 语句查看更新后原表 classbak 中的数据，如图 7-37 所示，从结果可知，更新成功。

```
mysql> select * from classbak;
+----------+----------+----------------+-------------+-------+
| class_id | class_no | class_name     | class_grade | dp_id |
+----------+----------+----------------+-------------+-------+
|        1 | 04001    | 网络技术       | 14级        |     1 |
|        2 | 04002    | 通信技术       | 14级        |     1 |
|        3 | 05001    | 会计           | 15级        |     2 |
|        4 | 05002    | 财务管理       | 15级        |     2 |
|        6 | 04003    | 计算机应用技术 | 14级        |     1 |
+----------+----------+----------------+-------------+-------+
5 rows in set (0.02 sec)
```

图 7-37　查看更新后原表 classbak 中的数据

再通过 SELECT * FROM dp_class_view 语句查看视图 dp_class_view 中的数据，如图 7-38 所示，可以看到，更新之后，视图中的数据也一起更新。

```
mysql> select * from dp_class_view;
+--------------+----------------+-------------+
| dp_name      | class_name     | class_grade |
+--------------+----------------+-------------+
| 信息工程学院 | 网络技术       | 14级        |
| 信息工程学院 | 通信技术       | 14级        |
| 财经学院     | 会计           | 15级        |
| 财经学院     | 财务管理       | 15级        |
| 信息工程学院 | 计算机应用技术 | 14级        |
+--------------+----------------+-------------+
5 rows in set (0.09 sec)
```

图 7-38　查看更新后视图 dp_class_view 中的数据

（3）使用 DELETE 语句删除视图记录

【例 7-20】 使用 DELETE 语句删除视图 st_man_view 中的学生名字为“叶桂昌”的一条记录，从而使 student 表中对应的记录也删除。

输入如下代码：

```
DELETE FROM st_man_view WHERE st_name='叶桂昌';
```

代码执行结果如图 7-39 所示。

```
mysql> delete from st_man_view where st_name='叶桂昌';
Query OK, 1 row affected (0.23 sec)
```

图 7-39 删除视图 st_man_view 中的数据

读者可自行使用 SELECT 语句查看修改后视图 st_man_view 中的数据和表 student 的数据，可发现当删除视图中的记录时，对应的原数据表中的记录也被删除。

5. 删除视图

在 MySQL 中，删除视图通过 DROP VIEW 语句实现，其基本语法格式如下：

```
DROP VIEW [IF EXISTS]
视图名列表
[RESTRICT | CASCADE]
```

① IF EXISTS 为可选参数，判断视图是否存在，不存在则不执行，存在则执行。
② "视图名列表"表示要删除的视图的名称和列表，各个视图名称之间用逗号隔开。
③ RESTRICT 表示只有不存在相关视图和完整性约束的视图才能删除。
④ CASCADE 表示任何相关视图和完整性约束一并被删除。

【例 7-21】 使用 DROP VIEW 语句删除视图 dp_class_view。

```
DROP VIEW IF EXISTS dp_class_view;
```

代码执行结果如图 7-40 所示。

```
mysql> drop view if exists dp_class_view;
Query OK, 0 rows affected (0.49 sec)
```

图 7-40 删除视图 dp_class_view

为了验证视图是否真正删除成功，可使用 SHOW CREATE VIEW 语句查看视图，执行结果如图 7-41 所示。

```
mysql> show create view dp_class_view;
ERROR 1146 (42S02): Table 'db_competion.dp_class_view' doesn't exist
```

图 7-41 查看视图 dp_class_view 是否删除成功

结果显示，视图 dp_class_view 不存在，说明删除视图成功。

四、任务总结

本任务结合学生竞赛项目管理系统中的数据，阐述了视图的含义和作用，注意其与表的联系和差别。本任务介绍了创建视图、修改视图、更新视图、删除视图的方法，其中创建视图、修改视图是本章的重点内容，这部分内容比较多，也比较复杂，希望读者多操作、多练习。创建视图和修改视图后一定要查看视图的结构，确保创建和修改视图的操作正确。更新视图时若遇到一些不能更新的情况，可根据文中提到的不能更新因素逐个排除和分析。

实践训练

【实践任务 1】

在 competition 数据库中,创建一张 performance 表,使用 3 种不同的方式创建索引。performance 表的内容如表 7-1 所示。

表 7-1 performance 表

字段名	数据类型	主 键	外 键	非 空	唯 一	自 增
id	INT	是	否	是	是	是
st_name	VARCHAR(20)	否	否	否	否	否
st_sex	VARCHAR(6)	否	否	否	否	否
tc_name	VARCHAR(20)	否	否	否	否	否
score	INT(10)	否	否	是	否	否
info	TEXT	否	否	否	否	否

其中,在 id 字段上创建名为 perf_id 的唯一索引,在 st_name 和 tc_name 字段上创建名为 perf_na 的多列索引,在 info 字段创建名为 perf_info 的全文索引。

【实践任务 2】

使用 DROP INDEX 语句删除实践任务 1 的所有索引。

【实践任务 3】

在 performance 表上创建视图 perf_view,视图的字段包括 st_name、st_sex、score。

【实践任务 4】

在视图 perf_view 中插入几条记录,查看记录是否插入成功。

【实践任务 5】

修改视图 perf_view,将视图中的条件设置为 st_sex 等于"男"。

【实践任务 6】

删除视图 perf_view。

项目八　数据库安全及性能优化

学习目标	
项目任务	任务一　数据库用户管理 任务二　数据库权限管理 任务三　数据库性能优化
知识目标	（1）掌握创建用户、删除用户的方法 （2）掌握修改用户密码的方法 （3）掌握用户权限授予与回收的方法 （4）掌握优化服务、分析数据表、优化查询的方法
能力目标	（1）能够创建用户、删除用户 （2）能够修改用户密码 （3）能够授予与回收用户权限 （4）能够优化服务器，分析表，以及优化查询效率
素质目标	（1）形成自主好学的学习态度 （2）养成务实解决问题的习惯 （3）培养团队协作的精神

任务一　数据库用户管理

一、任务描述

MySQL 数据库系统中有两类用户，分别是 root 用户和普通用户。root 用户是管理员用户，具有最高的权限，可以对整个数据库系统进行管理操作，如创建用户、删除用户、管理用户的权限等。而普通用户只能够根据被赋予的某些权限进行管理操作。为了更好、更安全地管理数据库，本任务以不同的方式进行创建用户、修改用户密码，以及删除用户等操作。

二、任务分析

安装 MySQL 数据库时，数据库系统默认安装一个名为 mysql 的数据库，该数据库不能删除，否则系统将无法正常运行，mysql 数据库中包含了大量的表，如 user 表、coumns_piv 表、host 表、proc 表、event 表、servers 表等，其中 user 表就是用户管理表。

user 表中含有 42 个字段，可以用以下语句查看该表中的信息：

```
SELECT * FROM mysql.user;
```

这些字段大致可以分为 4 类，具体如下。

（1）用户类字段

当应用程序需要操作数据库之前，必须先与数据库建立连接，建立连接时用到的主机名、用户名和密码就是 user 表中的 host、user、password 字段，这些字段就是用户类字段。

建立数据库连接时，输入的信息必须与这 3 个字段的内容相匹配。

用以下语句可查看 user 表中用户类的字段内容：

```
SELECT host, user, password FROM mysql.user;
```

（2）权限类字段

在 user 表中，关于权限的字段有 20 多个，其中包括 Select_priv、Insert_priv、Update_priv、Delete_priv、Create_priv 等以 priv 结尾的字段，这些字段的权限对整个数据库有效，它的取值只有 N 或 Y，其中 N 表示该用户不具有对应的权限，Y 表示该用户具有对应的权限。为了安全起见，普通用户的权限默认是 N，也就是说，如果普通用户要具有相应的权限，必须把对应字段的值由 N 改为 Y。

可以通过以下语句查看以上几个权限类字段的值。

```
SELECT Select_priv,Insert_priv,Update_priv,Delete_priv,Create_priv
FROM mysql.user;
```

（3）安全类字段

在 user 表中，有 6 个字段用于管理用户的安全信息，具体如下。

① ssl_tpye 和 ssl_cipher：用于加密。

② x509_issuer 和 x509_subject：用于标识用户。

③ plugin 和 authentication_string：用于存储与授权相关的插件。

（4）资源控制类字段

在 user 表中，用于限制用户使用资源的字段有 4 个，具体如下。

① max_questions：表示每小时内允许用户执行查询数据库操作的次数。

② max_updates：表示每小时内允许用户执行更新数据库操作的次数。

③ max_connections：表示每小时内允许用户执行连接数据库操作的次数。

④ max_user_conntions：表示单个用户同时连接数据库的次数。

三、任务完成

数据库系统安装的时候，默认创建了一个用户 root，这是管理员用户，具有管理整个数据库系统的权限。为了安全起见，应该为每个数据库建立普通用户，然后根据应用程序的需要为每个普通用户授予相应的权限。

1．创建用户

（1）使用 GRANT 语句创建用户

使用 GRANT 语句创建用户是比较常用的方法，这种方法安全、准确、错误少，并且可以为用户授权。

语法格式如下：

```
GRANT privileges ON database.table TO 'username' @ 'hostname' [IDENTIFIED
BY [PASSWORD] 'passwrod'];
```

① privileges：表示该用户具有的权限，如 SELECT、UPDATE、INSERT 等。

② database.table：表示权限作用在指定的数据库或者表上。

③ username：表示新建的用户名。

④ hostname：表示主机名，也可以是 IP 地址。

⑤ passwrod：表示新建用户的密码。

【例 8-1】使用 GRANT 语句新建一个用户,用户名为 st_user,密码为 123456,并授予该用户对学生竞赛项目管理系统中的学生表(competition.student)进行查询的权限。

```
GRANT SELECT ON competition.student TO 'st_user'@'localhost'
IDENTIFIED BY '123456';
```

使用以上语句创建用户之后,用 SELECT host, user, password FROM mysql.user 语句验证创建用户是否成功,结果如图 8-1 所示。

图 8-1 验证创建用户是否成功

查询结果的最后一行就是以上代码创建的用户,但密码并不显示为 123456,而是一串字符,这是因为 MySQL 自动为密码加密,提高了数据库的安全性。

(2) 使用 CREATE USER 语句创建用户

与 GRANT 语句不同,CREATE USER 语句创建的用户是没有任何权限的,如果需要设置权限,还要借助其他授权语句,权限的管理将在后面的内容中详细介绍。

语法格式如下:

```
CREATE USER 'username' @ 'hostname' [IDENTIFIED BY [PASSWORD] 'passwrod' ]
```

【例 8-2】使用 CREATE USER 语句为数据库创建一个用户,用户名为 tc_user,密码为 abc123。

```
CREATE USER 'tc_user' @ 'localhost' IDENTIFIED BY 'abc123';
```

使用以上语句创建用户之后,用 SELECT host, user, password FROM mysql.user 语句验证创建用户是否成功,结果如图 8-2 所示。

图 8-2 验证创建用户是否成功

从查询结果中可以看到,tc_user 用户已经创建成功。

(3) 使用 INSERT 语句创建用户

使用 INSERT 语句创建用户,就是直接向 user 表中插入用户信息,和向普通表中添加一条记录一样。

语法格式如下:

```
INSERT INTO mysql.user ( host,user,password,ssl_cipher,x509_issuer,x509_subject )
VALUES('hostname','username',PASSWORD('password'), ' ', ' ', ' ');
```

以上语法中，由于 user 表中的 ssl_cipher、x509_issuer、x509_subject 字段没有默认值，所以需要为这 3 个字段添加一个值，值为空即可。

【例 8-3】使用 INSERT 语句为数据库创建一个用户，用户名为 ad_user，密码为 admin123。

```
INSERT INTO mysql.user(host,user,password,ssl_cipher,x509_issuer,x509_subject)
    VALUES('localhost','ad_user',PASSWORD('admin123'),' ',' ',' ');
```

使用以上语句创建用户之后，用 SELECT host, user, password FROM mysql.user 语句验证创建用户是否成功，结果如图 8-3 所示。

图 8-3 验证创建用户是否成功

从查询结果中可以看到，ad_user 用户已经创建成功。

2．删除用户

在 MySQL 系统中，可以创建用户，也可以删除用户，删除用户有两种方式，分别为使用 DROP USER 语句和使用 DELETE 语句，下面分别介绍这两种方法。

（1）使用 DROP USER 语句删除用户

使用 DROP USER 语句删除用户时，需要具有 DROP USER 的权限。

语法格式如下：

```
DROP USER 'username' @ 'hostname';
```

【例 8-4】使用 DROP USER 语句删除学生竞赛项目管理系统数据库中的 tc_user 用户。

```
DROP USER 'tc_user' @ 'localhost';
```

使用以上语句删除用户之后，用 SELECT host, user, password FROM mysql.user 语句验证是否删除成功，结果如图 8-4 所示。

图 8-4 验证是否删除成功

从查询结果中可以看到，tc_user 用户已经成功删除。

（2）使用 DELETE 语句删除用户

使用 DELETE 语句删除用户与删除普通表中的数据一样，但必须具有 DELETE 的权限。

语法格式如下：

```
DELETE FROM mysql.user WHERE hOST='hostname' AND user='username';
```

【例 8-5】使用 DELETE 语句删除学生竞赛项目管理系统数据库中的 st_user 用户。

```
DELETE FROM mysql.user WHERE host='localhost' AND user='st_user';
```

使用以上语句删除用户之后，用 SELECT host, user, password FROM mysql.user 语句验证是否删除成功，结果如图 8-5 所示。

```
mysql> select host,user,password from mysql.user;
+-----------+---------+-------------------------------------------+
| host      | user    | password                                  |
+-----------+---------+-------------------------------------------+
| localhost | root    | *81F5E21E35407D884A6CD4A731AEBFB6AF209E1B |
| 127.0.0.1 | root    | *81F5E21E35407D884A6CD4A731AEBFB6AF209E1B |
| ::1       | root    | *81F5E21E35407D884A6CD4A731AEBFB6AF209E1B |
| localhost | ad_user | *01A6717B58FF5C7EAFFF6CB7C96F7428EA65FE4C |
+-----------+---------+-------------------------------------------+
4 rows in set (0.00 sec)
```

图 8-5 验证是否删除成功

从查询结果中可以看到，st_user 用户已经成功删除。

3. 修改用户密码

在 MySQL 数据库系统中，用户密码至关重要，一旦密码泄漏给非法用户，非法用户就可能获得或者破坏数据库中的数据。所以密码一旦丢失，就应该立即修改密码。默认用户 root 是管理员，root 用户不仅可以修改自己的密码，还可以修改普通用户的密码，而普通用户只能修改自己的密码。

（1）修改 root 用户密码

① 使用 UPDATE 语句修改密码

使用 UPDATE 语句修改 root 用户的密码和修改普通表中的数据一样，root 用户的密码保存在 mysql.user 表中，所以 root 用户登录到数据库之后，就可以使用 UPDATE 语句修改密码了。

语法格式如下：

```
UPDATE mysql.user SET Password=PASSWORD('new_password') WHERE
User='username' AND Host='hostname';
```

上面的语法格式中，PASSWORD( )是加密函数，修改之后的密码通过它进行加密。

【例 8-6】通过使用 UPDATE 语句修改学生竞赛项目管理系统数据库中 root 用户的密码，新密码为 root123。

root 用户登录到数据库之后，执行如下语句：

```
UPDATE mysql.user SET Password=PASSWORD('root123') WHERE
User='root' AND Host='localhost';
```

执行以上语句之后，还需要使用 FLUSH PRIVILEGES 语句重新加载权限表，否则修改后的密码无法生效。

② 使用 mysqladmin 命令修改密码

root 用户还可以在 MySQL 命令行窗口中执行 mysqladmin 命令修改密码。

mysqladmin 命令的语法格式如下：

```
mysqladmin -u username [-h hostname] -p password new_password;
```

其中，[-h hostname]参数为可选项，可以省略。

【例 8-7】在 MySQL 命令行窗口中，通过 mysqladmin 命令修改学生竞赛项目管理系统数据库中 root 用户的密码，新密码为 123456。

```
    mysqladmin -u root -p password 123456;
```
执行成功后，即可使用新密码重新登录数据库了。

③ 使用 SET 语句修改密码

除前面两种修改密码的方法以外，还可以直接使用 SET 语句修改 root 用户的密码，需要特别注意的是，使用 SET 语句修改的密码是不加密的，所以还要利用 PASSWORD( )函数加密。语法格式如下：

```
    SET PASSWORD=PASSWORD(new_password);
```

root 用户登录数据库之后，就可以利用上面的语句修改密码了。

【例 8-8】在 MySQL 命令行窗口中，通过 SET 语句修改学生竞赛项目管理系统数据库中 root 用户的密码，新密码为 654321。

```
    SET PASSWORD=PASSWORD('654321');
```

（2）修改普通用户的密码

root 用户除可以修改自己的密码外，还具有修改普通用户密码的权限，root 用户可利用 3 种方式修改普通用户的密码，下面分别介绍。

① 使用 GRANT USAGE 语句修改普通用户的密码

使用 GRANT USAGE 语句可修改指定用户的密码，而不影响用户名的所有权限。

```
    GRANT USAGE ON *.* TO 'username' @ 'hostname' IDENTIFIED BY
    [PASSWORD] 'new_passwrod';
```

【例 8-9】在 MySQL 命令行窗口中，通过 GRANT USAGE 语句修改数据库中 ad_user 用户的密码，新密码为 admin888。

```
    GRANT USAGE ON *.* TO 'ad_user' @ 'localhost' IDENTIFIED BY
    PASSWORD 'admin888';
```

② 使用 UPDATE 语句修改普通用户的密码

使用 UPDATE 语句修改普通用户的密码与修改 root 用户密码的方法相同，修改成功后也要使用 FLUSH PRIVILEGES 语句重新加载权限表，否则修改之后的密码无法生效。

```
    UPDATE mysql.user SET Password=PASSWORD('new_password') WHERE
    User='username' AND Host='hostname';
```

【例 8-10】在 MySQL 命令行窗口中，通过 UPDATE 语句修改数据库中 ad_user 用户的密码，新密码为 ad_123456。

```
    UPDATE mysql.user SET Password=PASSWORD('ad_123456') WHERE
    User='ad_user' AND Host='localhost';
```

③ 使用 SET 语句修改普通用户的密码

使用 SET 语句修改普通用户的密码与修改 root 用户的密码基本相同，不同的是，需要加 FOR 子句指定要修改哪个用户的密码。

```
    SET PASSWORD FOR 'username' @ 'hostname' =PASSWORD('new_password');
```

【例 8-11】在 MySQL 命令行窗口中，使用 SET 语句修改数据库系统 ad_user 用户的密码，新密码为 ad_888888。

```
    SET PASSWORD FOR 'ad_user' @ 'localhost' =PASSWORD('ad_888888');
```

（3）普通用户修改自己的密码

普通用户也具有修改自己密码的权限，方法是：普通用户用原密码登录到 MySQL 之后，使用 SET 语句修改自己的密码。

```
    SET PASSWORD=PASSWORD(new_password);
```

【例 8-12】 普通用户 ad_user 通过原密码 ad_888888 登录到 MySQL 之后,将密码改为 ad_666666。
```
SET PASSWORD FOR 'ad_user' @ 'localhost' =PASSWORD('ad_666666');
```

四、任务总结

本任务主要介绍数据库用户管理,通过 3 个方面介绍了用户的管理方式,一是以 root 用户的身份采用 3 种方法创建普通用户,以及采用 2 种方法删除普通用户;二是以 root 用户的身份修改自己的密码,以及修改普通用户的密码;三是普通用户修改自己的密码。通过以上的介绍,希望读者学会利用 root 管理员用户管理普通用户的方法,了解普通用户只能够根据被赋予的某些权限进行管理操作。

任务二 数据库权限管理

一、任务描述

数据库的安全关系到整个应用系统的安全,其很大程度上依赖于用户权限的管理,数据库的管理员应该为每个数据库的普通用户设置相应的权限。本任务主要涉及学生竞赛项目管理系统数据库用户的权限管理,包括权限的授予、权限的查看、权限的回收。

二、任务分析

MySQL 服务器通过 MySQL 权限表控制用户对数据库的访问,MySQL 权限表存放在 mysql 数据库中,这些 MySQL 权限表包括 user、db、table_priv、columns_priv、host 等,下面分别介绍。

① user 权限表:记录允许连接到服务器的用户信息,里面的权限是全局级的。
② db 权限表:记录各个用户在各个数据库上的操作权限。
③ table_priv 权限表:记录数据表级的操作权限。
④ columns_priv 权限表:记录数据列级的操作权限。
⑤ host 权限表:配合 db 权限表对给定主机上数据库级的操作权限进行更细致的控制。这个权限表不受 GRANT 和 REVOKE 语句的影响。

下面对 MySQL 数据库中的权限做如下具体说明。

① INSERT 权限:代表允许向表中插入数据,同时,在执行 ANALYZE TABLE、OPTIMIZE TABLE、REPAIR TABLE 语句时也需要 INSERT 权限。
② DELETE 权限:代表允许删除行数据。
③ DROP 权限:代表允许删除数据库、表、视图。
④ EVENT 权限:代表允许查询、创建、修改、删除 MySQL 事件。
⑤ EXECUTE 权限:代表允许执行存储过程和存储函数。
⑥ FILE 权限:代表允许在 MySQL 可以访问的目录中进行读/写磁盘文件的操作,可使用的命令包括 LOAD DATA INFILE,SELECT ... INTO OUTFILE,LOAD FILE( )。
⑦ GRANT OPTION 权限:代表允许此用户授予或者回收其他用户的权限。
⑧ INDEX 权限:代表允许创建和删除索引。
⑨ LOCK 权限:代表允许对拥有 SELECT 权限的表进行锁定,以防止其他链接对此表的读或写。

三、任务完成

1. MySQL 权限的授予

MySQL 数据库中的 root 用户默认拥有权限，普通用户默认不拥有权限。也就是说，普通用户默认不能对数据库进行增、删、改、查等操作。在 MySQL 数据库中，可以用 GRANT 语句为用户授予权限。

语法格式如下：

```
GRANT privileges [(columns)] ON database.table TO 'username'@'hostname'
[IDENTIFIED BY [PASSWORD] 'passwrod' ] WITH with_option;
```

以上语法格式中，privileges 表示权限的类型，columns 表示权限作用的字段，可以省略，如果省略代表权限作用于整张表，database.table 表示数据库的表名，username 表示数据库的用户名，hostname 表示主机名，passwrod 表示用户的密码。WITH 后面的 with_option 有 5 个选项，具体如下。

① GRANT OPTION：将权限授予用户。

② MAX_QUERIES_PER_HOUR：一个用户在一个小时内可以执行查询的次数（基本包含所有语句）。

③ MAX_UPDATES_PER_HOUR：一个用户在一个小时内可以执行修改的次数（仅包含修改数据库或表的语句）。

④ MAX_CONNECTIONS_PER_HOUR：一个用户在一个小时内可以连接 MySQL 的时间。

⑤ MAX_USER_CONNECTIONS：一个用户在同一时间可以连接 MySQL 实例的数量。

【例 8-13】使用 GRANT 语句为学生竞赛项目管理系统数据库创建一个新用户，用户名为 mytest，密码为 123456，新用户对 competition 数据库中的 class 表具有查询和插入操作的权限，使用 GRANT OPTION 子句实现。

```
GRANT INSERT, SELECT ON competition.class TO 'mytest'@'localhost'
IDENTIFIED BY '123456' WITH  GRANT OPTION;
```

以上语句执行成功之后，重新利用用户名 mytest 和密码 123456 登录 competition 数据库，则可以对 class 表进行查询和插入操作。

2. MySQL 权限的查看

在 MySQL 数据库中，查看用户权限的方法很简单，直接用 SHOW GRANTS 语句即可，其中，root 用户需要用 FOR 子句指定查看的用户。

语法格式如下：

```
SHOW GRANTS FOR 'username' @ 'hostname';
```

【例 8-14】使用 SHOW GRANTS 语句查看上一节中创建的 mytest 用户的权限。

```
SHOW GRANTS FOR 'mytest' @ 'localhost';
```

以上语句执行成功之后，输出如下结果：

```
GRANT USAGE ON *.* TO 'mytest'@'localhost' IDENTIFIED BY
PASSWORD '*6BB4837EB74329105EE4568DDA7DC67ED2CA2AD9'
GRANT SELECT, INSERT ON 'competition'.'class' TO 'mytest'@'localhost'
WITH GRANT OPTION
```

从结果可知，mytest 已经具有对数据库 competition 中的 class 表进行插入和查询的权限了。

3. MySQL 权限的回收

在 MySQL 数据库中，权限授予某个用户之后，还可以根据具体需要回收部分或者全部权限，使用 REVOKE 语句可实现权限的回收。

语法格式如下：

```
REVOKE privileges [(columns)] ON database.table FROM 'username'@'hostname';
```

以上语法格式中，privileges 表示权限的类型，columns 表示权限作用的字段，可以省略，如果省略代表权限作用于整张表，database.table 表示数据库的表名，username 表示数据库的用户名，hostname 表示主机名。

【例 8-15】使用 REVOKE 语句回收用户 mytest 对学生竞赛项目管理系统数据库中 class 表的 INSERT 权限。

```
REVOKE INSERT ON competition.class FROM 'mytest'@'localhost';
```

以上语句执行成功之后，使用 SHOW GRANTS FOR 'mytest' @ 'localhost' 语句查看 mytest 用户的权限，输出如下结果：

```
GRANT USAGE ON *.* TO 'mytest'@'localhost' IDENTIFIED BY
PASSWORD '*6BB4837EB74329105EE4568DDA7DC67ED2CA2AD9'
GRANT SELECT ON 'competition'.'class' TO 'mytest'@'localhost'
WITH GRANT OPTION
```

从结果可知，mytest 已经不具有对数据库 competition 中的 class 表进行数据插入的权限了。

使用 REVOKE 语句还可以一次性回收所有权限，语法格式如下：

```
REVOKE ALL privileges,GRANT OPTION FROM 'username'@'hostname';
```

【例 8-16】使用 REVOKE 语句回收用户 mytest 的所有权限。

```
REVOKE ALL privileges,GRANT OPTION FROM 'mytest'@'localhost';
```

以上语句执行成功之后，使用 SHOW GRANTS FOR 'mytest' @ 'localhost' 语句查看 mytest 用户的权限，执行语句如下：

```
GRANT USAGE ON *.* TO 'mytest'@'localhost' IDENTIFIED
BY PASSWORD '*6BB4837EB74329105EE4568DDA7DC67ED2CA2AD9'
```

从结果可知，mytest 用户已经不具有对数据库进行任何操作的权限了。

四、任务总结

本任务介绍学生竞赛项目管理系统数据库中用户的权限管理，包括三个方面，一是权限的授予，二是权限的查看，三是权限的回收。

数据库权限的管理关系到整个应用系统的安全，在实际应用中，数据库管理员应该为数据库的每个普通用户以最小权限原则设置相应的权限。

任务三　数据库性能优化

一、任务描述

本任务通过服务器优化、表结构优化、查询优化等技术提高数据库的整体性能，包括使用 EXPLAIN 语句对 SELECT 语句的执行效果进行分析，并通过分析提出优化查询的方法；使用 ANALYZE TABLE 语句分析表；使用 CHECK 语句检查表；使用 OPTIMIZE TABLE 语句优化表；使用 REPAIR TABLE 语句修复表等。

二、任务分析

优化 MySQL 数据库是一项非常重要的技术，是数据库管理员的必备技能之一，不论是进行数据库表结构的设计，还是创建索引，创建、查询数据库，都需要注意数据库的性能优化，数据库的性能优化包括很多方面，例如，优化 MySQL 服务器，优化数据库表结构，优化查询速度，优化更新速度等，其目的都是使 MySQL 数据库运行速度更快，占用磁盘空间更小。

三、任务完成

1. 优化 MySQL 服务器

（1）通过修改 MySQL 的 my.ini 文件进行服务器的性能优化

通过修改 my.ini 文件的配置可以提高服务器的性能。在 MySQL 配置文件中，索引的缓冲区大小默认为16M，可以修改这个值来提高索引的处理性能。例如，将默认值修改为 256M。打开 my.ini 文件，直接在[mysqld]后面加一行代码如下：

```
key_buffer_size=256M
```

若数据库服务器的内存容量为 4GB，推荐设置参数值如下：

```
sort_buffer_size=6M           //排序查询操作的缓冲区大小
read_buffer_size=4M           //读查询操作的缓冲区大小
join_buffer_size=8M           //联合查询操作的缓冲区大小
query_cache_size=64M          //查询缓冲区的大小
max_connections=800           //允许最大连接的进程数
```

2. 优化表结构与数据操作

（1）为多表连接查询添加中间表

在进行数据查询时，往往需要进行多表连接查询，但如果经常进行多表连接查询，会影响数据库的性能。为提高数据库性能，可以建立一个中间表。中间表的字段就是经常要查询的来自多张表的字段，中间表的内容来自基表，在以后的查询中，就可以直接查询中间表，提高查询速度。

【例 8-17】在数据库 competition 中，假设要经常查询学生姓名、班级名、系别名。但这些字段分别来自 student、department、class 三张数据表，所以必须进行连接查询，为了提高查询效率，可以创建一张中间表。

创建中间表 student_info 的语句如下：

```
CREATE TABLE student_info(
st_name VARCHAR(20) NOT NULL,
class_name CHAR(20) NOT NULL,
dp_name VARCHAR(20) NOT NULL
);
```

然后通过连接查询，将数据插入中间表中，语句如下：

```
INSERT INTO student_info SELECT student.st_name,class.class_name,
department.dp_name FROM student,class,department WHERE student.class_id=
class.class_id AND class.dp_id=department.dp_id;
```

后面就可以通过中间表 student_info 方便、快速地查询学生信息了。

例如，查询信息工程学院的学生姓名和班级名，语句如下：

```
SELECT st_name,class_name FROM student_info WHERE dp_name='信息工程学院';
```

（2）增加冗余字段

在创建数据表的时候，通过增加冗余字段，可以减少连接查询，从而提高查询性能，例如，在数据库 competition 中，院系名存在于院系表 department 中，竞赛项目表 project 中有院系表的主键 dp_id，如果要查询 project 表中已有的院系名，必须通过这两张表的 dp_id 字段进行连接查询，但这样会增加数据库的负担。为了提高性能，可以在 project 表中增加一个冗余字段 dp_name，用来存储院系名，这样就可以优化查询的性能。

3．设置合理的数据类型和属性

（1）合理设置字段类型

在创建数据表时，字段的宽度可以设置得尽可能小，例如，数据库 competition 中 project 表中的字段 dp_address，考虑到地址信息的长度只有 50 个字符左右，因此没必要将其数据类型设置为 CHAR(255)，而可以设置为 CHAR(50)或者 VARCHAR(50)。

对于长度取值比较固定的字段，可以使用 ENUM 类型代替 VARCHAR 类型，如性别、民族、省份等，使用 ENUM 类型的处理速度更快。

下面的语句可以分析 student 表中的字段类型，并直接输出字段类型方面的建议。

```
SELECT * FROM student PROCEDURE ANALYSE()\G;
```

执行结果如图 8-6 所示。

```
*************************** 6. row ***************************
             Field_name: competition.student.class_id
              Min_value: 1
              Max_value: 3
             Min_length: 1
             Max_length: 1
       Empties_or_zeros: 0
                  Nulls: 0
Avg_value_or_avg_length: 2.0000
                    Std: 0.8165
      Optimal_fieldtype: ENUM('1','2','3') NOT NULL
*************************** 7. row ***************************
             Field_name: competition.student.dp_id
              Min_value: 1
              Max_value: 2
             Min_length: 1
             Max_length: 1
       Empties_or_zeros: 0
                  Nulls: 0
Avg_value_or_avg_length: 1.3333
                    Std: 0.4714
      Optimal_fieldtype: ENUM('1','2') NOT NULL
7 rows in set (0.01 sec)
```

图 8-6　分析 student 表中的字段类型

其中，每个字段分析的最后一行为建议的数据类型。

（2）为每张表设置一个 ID 作为其主键

在创建数据表时，可为表设置一个 ID 作为表的主键，并且设置为 INT 类型（推荐使用 UNSIGNED）、自动增长（AUTO_INCREMENT）。

（3）尽量避免定义字段为 NULL

根据实际情况，尽量将字段设置为 NOT NULL，这样在执行查询时，数据库就无须比较 NULL 值，从而提高查询效率。

4．优化插入记录的速度

有很多种方法可以优化插入记录的速度，下面主要介绍两种方法。

（1）如果数据表中有大量记录，可以采用先加载数据再建立索引的方法，如果已经建立了索引，可以先将索引禁止，因为，每当有新记录要插入表时，都会刷新索引，这样会降低插入的速度。

禁止与启用索引的 SQL 语句如下：

```
ALTER TABLE table_name DISABLE KEYS;    \\禁止索引
ALTER TABLE table_name ENABLE KEYS;     \\启动索引
```

（2）尽量使用 LOAD DATE INFILE 语句插入数据，而减少使用 INSERT INTO 语句，如果一定要使用 INSERT INTO 语句，则应该批量插入，不要逐条插入。

5．对表进行分析、检查、优化和修复

（1）使用 ANALYZE TABLE 语句分析表

MySQL 的 Optimizer（优化器）在优化 SQL 语句时，首先需要收集一些相关信息，其中就包括表的 cardinality（散列程度），它表示某个索引对应的字段包含多少个不同的值，如果 cardinality 大于数据的实际散列程度，那么索引就基本失效了。

可以使用 SHOW INDEX 语句查看索引的散列程度：

```
SHOW  INDEX  FROM  student;
```

执行结果如图 8-7 所示。

```
mysql> SHOW INDEX FROM student;
+---------+------------+-------------------+--------------+-------------+-----------+-------------+----------+----
----+------+------------+---------+---------------+
| Table   | Non_unique | Key_name          | Seq_in_index | Column_name | Collation | Cardinality | Sub_part | Pac
ked | Null | Index_type | Comment | Index_comment |
+---------+------------+-------------------+--------------+-------------+-----------+-------------+----------+----
----+------+------------+---------+---------------+
| student |          0 | PRIMARY           |            1 | st_id       | A         |          12 |     NULL | NUL
L   |      | BTREE      |         |               |
| student |          0 | st_no             |            1 | st_no       | A         |          12 |     NULL | NUL
L   |      | BTREE      |         |               |
| student |          1 | fk_student_class  |            1 | class_id    | A         |           6 |     NULL | NUL
L   | YES  | BTREE      |         |               |
| student |          1 | st_sex            |            1 | st_sex      | A         |           4 |     NULL | NUL
L   | YES  | BTREE      |         |               |
| student |          1 | dp_id             |            1 | dp_id       | A         |           4 |     NULL | NUL
L   | YES  | BTREE      |         |               |
+---------+------------+-------------------+--------------+-------------+-----------+-------------+----------+----
----+------+------------+---------+---------------+
5 rows in set (0.01 sec)
```

图 8-7　查看索引的散列程度

（2）使用 CHECK TABLE 语句检查表

在实际应用数据库的过程中，可能会遇到数据库错误的情况，例如，数据写入磁盘时出错，或者数据库没有正常关闭。可以使用 CHECK TABLE 语句来检查数据库是否有错误，例如，检查 class 表是否有错误的 SQL 语句如下：

```
CHECK  TABLE  class;
```

执行结果如图 8-8 所示。

```
mysql> check table class;
+-------------------+-------+----------+----------+
| Table             | Op    | Msg_type | Msg_text |
+-------------------+-------+----------+----------+
| competition.class | check | status   | OK       |
+-------------------+-------+----------+----------+
1 row in set (0.00 sec)

mysql> _
```

图 8-8　检查班级表是否有错误

执行结果中，Msg_text 的值为 OK，说明表运行正常，没有出现错误。

（3）使用 OPTIMIZE TABLE 语句优化表

对数据表执行删除操作时，数据所占用的磁盘空间不会立即收回，另外，利用 VARCHAR 定义的字段，长时间后也会产生碎片，这些碎片浪费了很大空间，同时也对查询效率产生很大影响。使用 OPTIMIZE TABLE 语句可以实现回收碎片的功能，提升查询性能，达到优化的效果。

例如，优化 student 表的 SQL 语句如下：

```
OPTIMIZE  TABLE  student;
```

（4）使用 REPAIR TABLE 语句修复表

使用 REPAIR TABLE 语句可以修复表的索引，提高查询索引的性能，例如，修复 student 表的 SQL 语句如下：

```
REPAIR  TABLE  student;
```

6．优化查询

在 MySQL 数据库中，可以使用 EXPLAIN 和 DESCRIBE 语句分析表，以帮助用户选择更好的索引，写出更优化的查询语句。

（1）使用 EXPLAIN 语句分析表

在 MySQL 中，捕捉性能问题最常用的方法就是打开慢查询，定位执行效率差的 SQL。当定位到一个 SQL 后，还需要知道该 SQL 的执行计划，比如是全表扫描还是索引扫描，这些都需要通过 EXPLAIN 语句来完成。EXPLAIN 语句是查看优化器如何决定查询的主要方法，可以帮助我们深入了解 MySQL 基于开销的优化器，还可以使我们获得很多优化器考虑到的访问策略的细节。

EXPLAIN 语句如下：

```
EXPLAIN SELECT * FROM student WHERE st_no='2014060109';
```

执行结果如图 8-9 所示。

```
mysql> explain select * from student where st_no='2014060109';
+----+-------------+---------+-------+---------------+-------+---------+-------+------+-------+
| id | select_type | table   | type  | possible_keys | key   | key_len | ref   | rows | Extra |
+----+-------------+---------+-------+---------------+-------+---------+-------+------+-------+
|  1 | SIMPLE      | student | const | st_no         | st_no | 30      | const |    1 |       |
+----+-------------+---------+-------+---------------+-------+---------+-------+------+-------+
1 row in set (0.00 sec)
```

图 8-9　利用 EXPLAIN 语句分析表

从结果中可以看出，查询语句想要查询一条记录，而分析结果 rows 的字段值为 1，表示查询记录只要一行就能找到，说明查询效率很高，不需要进行优化。

表 8-1 对 EXPLAIN 语句输出的相关信息进行了说明。

表 8-1　参数取值表

列　值	说　明
id	SELECT 标识符
select_type	SELECT 类型：SIMPLE，PRIMARY，UNION，SUBQUERY
table	输出行分析表的表名
partitions	匹配的分区
type	连接类型（最重要，具体在图 8-2 中说明）
possible_keys	可供选择的索引
key	实际使用的索引
key_len	实际使用的索引长度
ref	与索引进行比较的字段，也就是关联表使用的字段
rows	将要被检查的估算的行数
filtered	被表条件过滤的行数的百分比
Extra	附件信息

EXPLAIN 语句输出的相关信息中，type 最重要，它表示使用了哪种连接类别，是否使用了索引，它是使用 EXPLAIN 语句分析表的性能的重要指标之一，表 8-2 中列出了 type 常用的取值。

表 8-2 type 取值表

参数值	说明
system	表示表中只有一条记录
const	表示表中有多条记录，但只从中查询一条记录
eq_ref	表示多表连接时，后面的表使用了 UNIQUE 或者 PRIMARY KEY
ref	表示多表查询时，后面的表使用了普通索引
unique_subquery	表示子查询中使用了 UNIQUE 或者 PRIMARY KEY
index_subquery	表示子查询中使用了普通索引
range	表示查询语句给出了查询范围
index	表示对表中的索引进行了完整扫描，速度比较慢
all	表示对表中的数据全部扫描，速度非常慢

那么，type 取值中哪个最能体现查询的最佳性能呢？表中的 system, const, eq _ref...all，就是按照从最佳类型到最坏类型的排序。

EXPLAIN 语句输出的相关信息中，除 type 外，Extra 项也是关键指标之一，要想让查询尽可能快，应该注意 Extra 字段的取值情况，如表 8-3 所示。

表 8-3 Extra 字段取值表

字段值	说明
Distinct	找到了与查询条件匹配的第一条记录后，就不再搜索其他记录
Not exists	一旦找到了匹配的 LEFT JOIN 标准的行，就不再搜索其他记录
Range checked for each record	没有找到合适的索引，对于前一张表的每行连接，它会做一个检验，用于决定使用哪个索引，并且使用这个索引从表中取得记录，这个过程不算快，但比没有索引时进行表连接快很多
Using filesort	MySQL 需要额外的一次传递，以找出如何按排序顺序检索行
Using index	只使用索引树中的信息，而不需要进一步搜索、读取实际的行来检索表中的字段信息
Using temporary	为了解决查询，MySQL 需要创建一张临时表来容纳结果
Using where	WHERE 子句用于限制哪一行匹配下一张表或发送给用户

（2）使用 DESCRIBE 语句分析表

使用 DESCRIBE 语句分析表与使用 EXPLAIN 语句分析表的用法和结果都一样，其语法格式如下：

DESCRIBE SELECT 语句；

例如，利用 DESCRIBE 代替上面的 EXPLAIN 语句分析 student 表，SQL 语句如下：

DESCRIBE SELECT * FROM student WHERE st_no='2014060109';

分析结果如图 8-10 所示。

```
mysql> Describe select * from student where st_no='2014060109';
+----+-------------+---------+-------+---------------+-------+---------+-------+------+-------+
| id | select_type | table   | type  | possible_keys | key   | key_len | ref   | rows | Extra |
+----+-------------+---------+-------+---------------+-------+---------+-------+------+-------+
|  1 | SIMPLE      | student | const | st_no         | st_no | 30      | const |    1 |       |
+----+-------------+---------+-------+---------------+-------+---------+-------+------+-------+
1 row in set (0.00 sec)
```

图 8-10 利用 DESCRIBE 语句分析表

从结果中可以看出，其与 EXPLAIN 语句的分析结果一模一样。

7．通过索引优化查询

下面分析没有建立索引与建立索引对查询效率的影响。

首先，没有对 student 表中的 st_sex 字段建立索引时，利用 DESCRIBE 语句分析表，结果如图 8-11 所示。

图 8-11　利用 DESCRIBE 语句分析表

从分析结果可知，type 的值为 ALL，表示查询时对数据进行了全扫描，rows 的值为 12，表示需要查询的行数为 12 行。

为 student 表中的 st_sex 字段建立索引的 SQL 语句如下：

```
ALTER TABLE student ADD INDEX(st_sex);
```

再利用 DESCRIBE 语句分析表，结果如图 8-12 所示。

图 8-12　利用 DESCRIBE 语句分析表

从分析结果可知，type 的值变为 ref，而 rows 的值为 7，表示需要查询的行数为 7 行。很明显，建立索引能够提高查询的效率。

8．优化子查询

在执行数据库查询时，如果查询语句带有子查询，需要先为内层子查询建立临时表，然后外层查询语句在临时表中查询记录，查询完毕之后再销毁临时表。因此，这个过程对整个查询的效率有很大的影响，特别是数据量大时，将会大大降低查询效率。因此，在实际应用中，应尽可能使用连接查询（全连接或者 JOIN 连接）代替子查询。

例如，要查询信息工程学院所有学生的姓名，使用子查询的 SQL 语句如下：

```
SELECT st_name FROM student WHERE dp_id IN(SELECT dp_id FROM department
WHERE dp_name='信息工程学院');
```

将查询改为 JOIN 连接查询，SQL 语句如下：

```
SELECT st_name FROM student JOIN department USING(dp_id) WHERE
dp_name='信息工程学院';
```

由于在 dp_id 字段上建立了索引，使用 JOIN 连接查询的效率比子查询要高。

9．优化慢查询

在实际应用中，需要关注查询比较慢的 SQL 语句，在 MySQL 中已经提供了类似的设置，帮助我们将执行时间超过某个时间阈值的 SQL 语句记录下来。

执行下面的 SQL 语句可以查看执行时间的默认值：

```
SHOW VARIABLES LIKE 'long%';
```

执行结果如图 8-13 所示。

```
mysql> show variables like 'long%';
+-----------------+-----------+
| Variable_name   | Value     |
+-----------------+-----------+
| long_query_time | 10.000000 |
+-----------------+-----------+
1 row in set (0.00 sec)
```

图 8-13 查看执行时间的默认值

long_query_time 定义了慢查询 SQL 的时间阈值，执行时间超过这个阈值即被标识为慢查询 SQL。其范围为 0～10，系统默认为 10 秒。

执行下面的 SQL 语句：

```
SHOW VARIABLES LIKE 'slow%';
```

执行结果如图 8-14 所示。

```
mysql> show variables like 'slow%';
+---------------------+----------------------------------------+
| Variable_name       | Value                                  |
+---------------------+----------------------------------------+
| slow_launch_time    | 2                                      |
| slow_query_log      | OFF                                    |
| slow_query_log_file | E:\xampp\mysql\data\XIEPINZHANG-slow.log |
+---------------------+----------------------------------------+
3 rows in set (0.00 sec)
```

图 8-14 查看优化结果

其中，slow_query_log 的值为 ON，表示开启慢查询日志，为 OFF 则表示关闭慢查询日志。show_query_log_file 的值可设置慢查询日志记录到指定的文件中（注意：日志文件名默认是主机名.log，慢查询日志是否能写入指定的文件中，还需要指定慢查询输出日志的文件格式，查看日志文件格式的相关命令为：

```
SHOW VARIABLES LIKE 'log_output%';
```

更改变量值，优化慢查询的方法如下。

设置全局变量，将 slow_query_log 全局变量设置为 ON 状态，执行如下 SQL 语句：

```
SET global slow_query_log='ON';
```

设置慢查询日志存放的位置，执行如下 SQL 语句：

```
SET global slow_query_log_file='/mysql/data/slow.log';
```

设置查询超过 1 秒时就记录，执行如下 SQL 语句：

```
SET global long_query_time=1;
```

进行以上设置后，测试时，执行一条慢查询 SQL 语句，例如：

```
SELECT sleep(2)
```

再查看是否生成慢查询日志 slow.log。

四、任务总结

本任务通过服务器优化、表结构优化、查询优化等技术提高数据库的查询性能，包括：使用 EXPLAIN 语句对 SELECT 语句的执行效果进行分析，通过分析提出优化查询的方法；使用 ANALYZE

TABLE 语句分析表；使用 CHECK 语句检查表；使用 OPTIMIZE TABLE 语句优化表；使用 REPAIR TABLE 语句修复表；最后利用优化子查询和优化慢查询的方法，提高查询效率。MySQL 在实际应用中，通过性能优化提高运行效率的方法有很多，由于篇幅原因，本书只介绍以上几种方法，读者可以根据具体情况，阅读其他相关资料学习。

实践训练

【实践任务 1：用户创建及密码修改】

（1）使用 CREATE USER 语句为数据库创建一个用户，用户名为 test_user1，密码为 test123。

（2）使用 INSERT 语句为数据库创建一个用户，用户名为 test_user2，密码为 test123456。

（3）以 root 身份通过 GRANT USAGE 语句修改数据库中 test_user1 用户的密码，新密码为 admin123。

【实践任务 2：数据库用户权限的授予及回收】

（1）数据库用户 test_user2 通过原密码 test123456 登录到 MySQL 之后，将密码改为 test_666666。

（2）创建一个用户名为 mytest1，密码为 test123456 的用户，并为该用户授予对数据库 competition 中的 student 表进行查询和插入的权限。

（3）创建一个用户名为 mytest2，密码为 test666666 的用户，并为该用户授予对数据库 competition 中的 class 表进行修改和删除的权限。并用 REVOKE 语句回收用户 mytest1 的所有权限。

【实践任务 3：设置优化 MySQL 的参数】

（1）设置查询缓冲区（query_cache_size）的大小为 64M。

（2）设置联合查询操作缓冲区（join_buffer_size）的大小为 8M。

（3）设置读查询操作缓冲区（read_buffer_size）的大小为 4M。

（4）设置排序查询操作缓冲区（sort_buffer_size）的大小为 6M。

（5）设置 MySQL 服务器的最大连接数（max_connections）为 800。

（6）使用 EXPLAIN 语句对一个比较复杂的查询进行分析，并提出优化方案。

项目九　学生竞赛项目管理系统的开发

学习目标

项目任务	任务一　学生竞赛项目管理系统的设计 任务二　学生竞赛项目管理系统的实现
知识目标	（1）了解项目开发平台的搭建 （2）了解 Java Web 服务器的配置 （3）了解常用网页设计工具软件的使用 （4）掌握 MySQL 数据库服务器的连接
能力目标	（1）初步具有使用 MyEclipse 开发工具部署 Web 项目的能力 （2）具有前端页面与后端数据库连接的能力 （3）初步具有系统设计思考的能力 （4）具有配置 Tomcat 服务器的能力
素质目标	（1）具备系统设计人员全局思考的素养 （2）培养有团队协作精神 （3）培养良好的心理素质 （4）培养良好的职业素养

任务一　学生竞赛项目管理系统的设计

学生竞赛项目管理系统采用 B/S 架构进行系统设计，使用 Java Web 开发方式进行开发，系统设计主要包括设计系统用例、系统流程、系统的前端页面和系统后台管理系统。

一、任务描述

本任务主要是对学生竞赛项目管理系统进行设计，依据学生竞赛项目管理系统的需求情况，设计系统的功能和操作流程，然后设计系统前端页面和后台管理系统。

二、任务分析

Java Web 系统开发需要经过需求分析、功能分析、系统设计、数据库设计、编码、实现、测试、发布等几个阶段。竞赛过程中，首先需要由学院下发竞赛通知并指定竞赛负责人，然后学生进行报名，管理人员对报名信息进行审核，接着学生参加竞赛，教师对参赛学生进行评审打分，并录入成绩，最后学生查询成绩。

三、任务完成

本次任务主要介绍学生竞赛项目管理系统的设计开发过程。在 Java Web 系统开发过程中，功能分析和系统设计尤其重要。

(1) 需求分析阶段

学生竞赛项目管理系统是由系统前端页面和系统后台管理两部分组成的，其中系统前端页面是一个公共的平台，所有的系统访问者都可以使用。其主要提供用户页面的浏览，满足普通用户的需求，满足用户注册、用户登录、参赛选手报名、参加比赛、赛后成绩查询等需求。

(2) 功能分析阶段

功能分析阶段根据需求分析阶段来确定系统的功能模块，提供普通用户的功能部分和管理用户的功能部分，实现竞赛管理功能、系统管理功能、用户注册登录功能、竞赛信息发布功能、竞赛信息浏览查阅功能、竞赛成绩查询功能等。其中，系统管理主要包括学生管理、班级管理、院系管理等；而竞赛管理包括赛项信息管理、赛项成员管理、成绩录入管理等。根据功能要求，设计系统功能模块图，如图9-1所示。

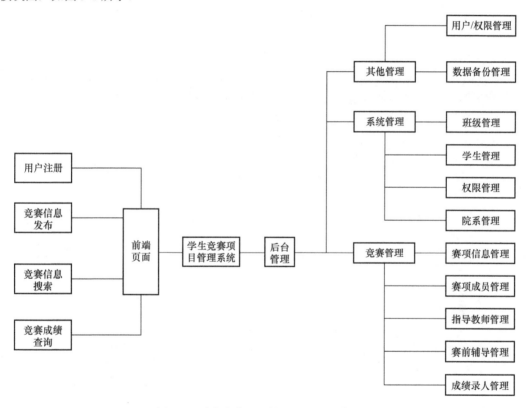

图 9-1　学生竞赛项目管理系统功能模块图

在学生竞赛项目管理系统中，对于普通用户，只能进入学生竞赛项目管理系统的前端页面，选择自己感兴趣的竞赛项目进行报名。竞赛管理工作者，除具有普通用户的所有权限外，还可以对竞赛进行管理，包括竞赛信息发布、浏览竞赛项目和删除竞赛项目等；还可以对系统中注册的用户进行管理，包括新增用户、更新用户、浏览所有用户和删除指定用户等。系统后台则只供竞赛管理工作者使用，只提供给特定的用户，主要用来管理竞赛赛项事务，如赛前信息发布、学生注册审核、竞赛成绩管理、系统管理、用户管理等。

(3) 绘制用例图

利用 UML 统一建模语言工具绘制用例图，确定系统功能，通过系统分析可知，学生竞赛项目管理系统包含学生、管理员、指导教师等用户角色，下面分析这3种角色所对应的用例图。

学生用户仅能选择已发布的竞赛信息，进行浏览、注册、登录、报名参赛、赛后成绩查询等操作，其用例图如图9-2所示。

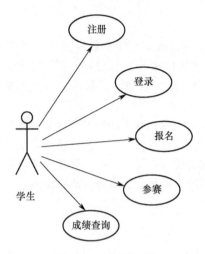

图 9-2 学生用例图

管理员拥有竞赛工作者的全部功能，还可以对所有的用户进行统一管理，包括新增用户、修改用户、删除用户，以及查看所有用户等，其用例图如图 9-3 所示。

指导教师主要是对参赛的学生进行打分，并录入学生的成绩，其用例图如图 9-4 所示。

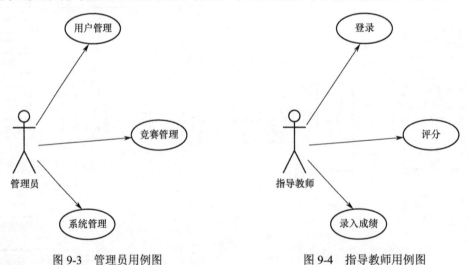

图 9-3　管理员用例图　　　　　　　图 9-4　指导教师用例图

（4）设计系统流程图

根据系统的功能分析，理清事务性的处理过程，设计系统流程图，如图 9-5 所示。

（5）数据库设计部分

根据系统设计，使用 MySQL 数据库来存储学生竞赛项目管理系统中的数据，具体的数据表在项目一中已经介绍，这里不再详细叙述。

（6）系统开发模式设计

Java Web 项目开发模式可以是 MVC（Mode-View-Controller）开发模式，MVC 模式是一种软件架构模式，把软件系统分为 Mode（模型）、View（视图）、Controller（控制器）3 个基本部分。其中，控制器部分负责转发请求，对请求进行处理；视图部分由界面设计人员进行图形界面设计；模型部分由设计人员编写程序功能、实现算法。进行数据管理和数据库设计等系统开发模式设计的结构图如图 9-6 所示。

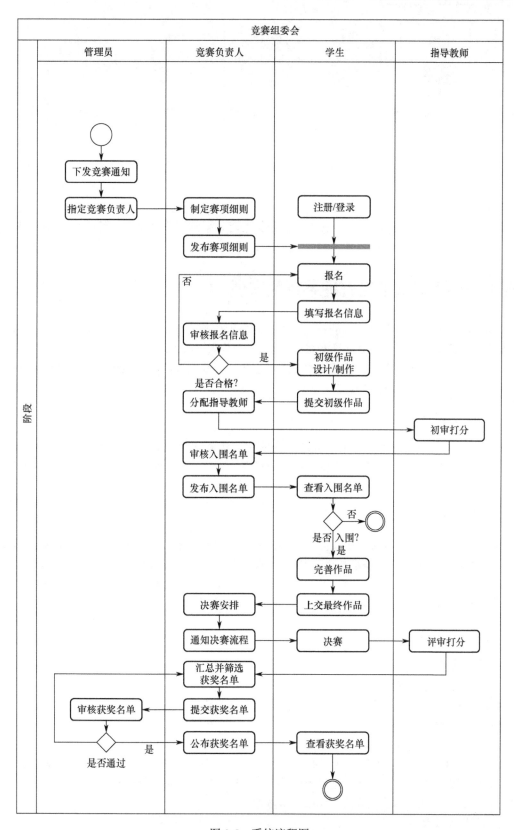

图 9-5　系统流程图

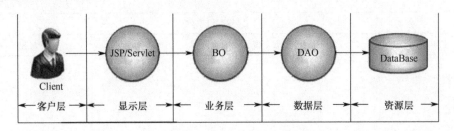

图 9-6　系统开发模式设计

四、任务总结

本任务主要根据学生竞赛实际需求情况对系统进行设计，包括需求分析、功能设计、系统设计、流程设计、架构设计、数据库设计、开发模式设计等环节，通过设计明确系统开发将要实现的主要任务。

任务二　学生竞赛项目管理系统的实现

一个系统的开发不仅要有良好的设计思路，还需要快捷方便的开发工具，本书借助 MyEclipse 企业级开发工具实现学生竞赛项目管理系统。在设计开发前，需要搭建系统开发环境，创建 Java Web 工程，然后实现学生竞赛项目管理系统的前端页面和后台管理系统，对系统进行发布和运行，最终实现学生竞赛项目管理系统的开发。

一、任务描述

本次任务主要介绍学生竞赛项目管理系统的实现，搭建学生竞赛项目管理系统开发平台并部署，实现学生竞赛项目管理系统前端页面和后台管理，使学生竞赛项目管理系统能够在 Web 服务上正常运行，在浏览器中正常访问。

二、任务分析

要实现学生竞赛项目管理系统，需要利用工具软件来开发 Java Web 项目。在 Java Web 项目中，需利用 HTML 工具软件实现前端页面，利用 Java 程序实现后台管理系统。在开发过程中，需要利用 Java 语言进行 Web 设计开发。用户首先需要下载 JDK，安装配置 Java 程序运行环境，然后借助开发工具 MyEclipse 编写 Java Web 程序，将 Java Web 项目发布到 Tomcat 服务器上，供用户访问。

三、任务完成

1. 搭建开发平台

（1）JDK 的下载与安装

Java 程序运行时需要编译平台，JDK 是 Java 语言的软件开发工具包，用户需要先下载 JDK，然后配置系统环境变量。

（2）Tomcat 的下载和安装

Tomcat 是 Java Web 页面解析运行的服务器软件，在 Java Web 项目中，JSP 页面文件需要经过 Tomcat 服务器解析后，客户端才能通过 Web 浏览器访问 WebServer 项目中的页面。首先，从官方网站中下载 Tomcat，然后再安装配置 Tomcat 服务器。

（3）开发平台搭建

MyEclipse 集成开发工具是比较流行的一种开发工具，可以进行日常的开发，在完整的 MyEclipse

中自带 JRE、数据库、应用服务器等工具。

（4）管理外部 Tomcat 服务器

MyEclipse 中的内置服务器是不能完成所有 Java Web 项目操作的，但是可对外部的应用服务器进行管理。在 MyEclipse 的菜单栏中，选择 Window→Preferences 命令，将打开首选项设置窗口，在首选项设置窗口的导航栏中，选择 MyEclipse Enterprise Workbench→Servers→Tomcat→Tomcat 6.x 命令，出现当前的首选项设置区域，如图 9-7 所示。

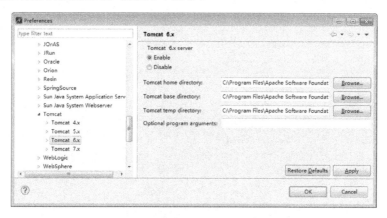

图 9-7　管理外部 Tomcat 服务器

其中，Tomcat home directory 表示 Tomcat 的主目录，Tomcat base directory 表示 Tomcat 的基础目录，Tomcat temp directory 表示 Tomcat 的临时参数目录，根据安装的 Tomcat 服务器的所在目录进行配置。在配置路径的上面有两个单选按钮选项，其中，Enable 选项表示启动外部 Tomcat 配置，Disable 选项表示不启动外部 Tomcat 配置。默认是不启动状态，所以要选择 Enable 选项。

2．前端页面实现

（1）创建学生竞赛项目管理系统项目 competition

在 MyEclipse 的菜单中，选择 File→New→Web Project 命令，弹出创建 Web 项目窗口，如图 9-8 所示。其中，Project Name 选项表示项目的名称，这里填写 competition。Location 选项表示项目文件的存放位置，默认会选中 Use default location 复选框，表示保存在当前工作空间中；也可以取消选中状态，然后在 Directory 中选择保存的目录位置。

Source folder 选项表示项目中 Java 源代码文件的保存目录，主要包括 Java 包和.java 文件，通常采用默认的 src 目录。Web root folder 选项表示 Web 相关程序的存放位置，这些文件包括 JSP 程序、HTML 程序，以及固定的 WEB-INF 目录等，通常使用默认的 WebRoot 目录。Context root URL 选项表示发布项目后使用的访问路径，默认是项目名称，这里会随着项目名称的改变而改变。在包资源管理器中创建一个名称为 competitin 的 Java Web 项目，单击每层前面的加号，会将其中的具体文件显示出来。

（2）创建 Java Web 中的 HTML 页面文件

在 MyEclipse 中通过菜单或者工具栏工具按钮可创建学生竞赛项目管理系统中的前端页面，首先，在包资源管理器中，选中 competition 项目中的 WebRoot 目录，单击鼠标右键，在弹出的菜单中选择 New→Other 命令，弹出选择要创建的程序窗口，如图 9-9 所示。

创建一个 index.html 页面文件，如图 9-10 所示，其中，Enter or select the parent folder 选项表示输入或选择文件创建的位置，选择 WebRoot 目录，即 Web 程序的根目录。File name 选项表示所创建程序的文件名，填写"index.html"，HTML 程序的扩展名可以是.html，也可以是.htm。单击 Next 按钮，可以看到创建的 HTML 程序，单击 Finish 按钮将完成基础模板 HTML 程序的创建。

图 9-8 创建 Web 项目

图 9-9 创建基本的 HTML 页面文件

图 9-10 创建 index.html 页面

HTML 页面文件中基本的 HTML 标签如图 9-11 所示,要设计静态页面中其他标签的内容,应在<body></body>之间加入其他标签,学生竞赛项目管理系统前端页面就是在这个标签中加入各种标签后生成的,这里不做详细介绍。

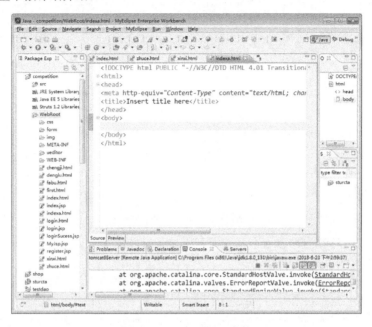

图 9-11　HTML 页面文件

(3)创建 JSP 页面文件

选中 competition 项目中的 WebRoot 目录,单击鼠标右键,在弹出的菜单中选择 New→Other 命令,将弹出选择要创建的 JSP 类型窗口,包括 JSP(Advanced Templates)和 JSP(Basic Templasts),如图 9-12 所示。

图 9-12　JSP 类型文件

JSP 程序是在 HTML 程序的基础上加入 Java 程序,所以在创建 JSP 程序时,分为基础模板和高级模板。高级模板内容如图 9-13 所示。

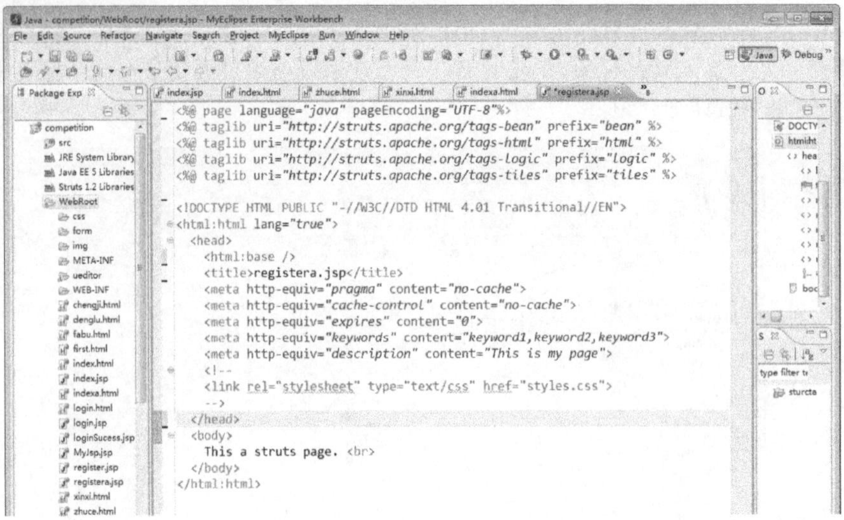

图 9-13 高级模板内容

在编辑区中打开 JSP 程序,页面代码中不但添加了 HTML 标记元素,还添加了 Struts 和 JSF 的标记元素。在程序最开头的部分代码内容为:

<%@ page language="java" pageEncoding="UTF-8"%>

这行代码是使用 JSP 技术中的 page 指令指定 JSP 程序的编码规则,代码:

<%@ taglib uri="http://struts.apache.org/tags-bean" prefix="bean" %>

是将 JSTL core 标签库引入该 JSP 页面中。

根据学生竞赛项目管理系统的需求分析及功能分析情况,设计开发其静态页面及动态页面,并将相关的页面实现,具体设计开发过程不进行详细介绍。

实现用户登录页面,如图 9-14 所示。

图 9-14 用户登录页面

实现用户注册页面,如图 9-15 所示。
实现竞赛信息发布页面,如图 9-16 所示。
实现竞赛信息浏览页面,如图 9-17 所示。

项目九　学生竞赛项目管理系统的开发 | 163

图 9-15　用户注册页面

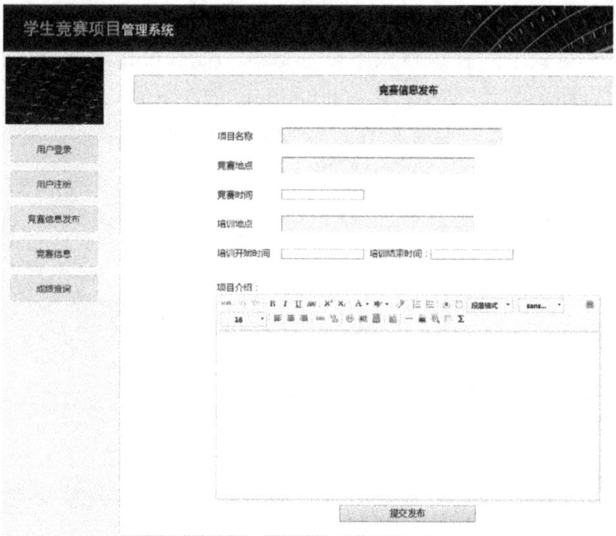

图 9-16　竞赛信息发布页面

图 9-17　竞赛信息浏览页面

实现竞赛成绩查询页面,如图 9-18 所示。

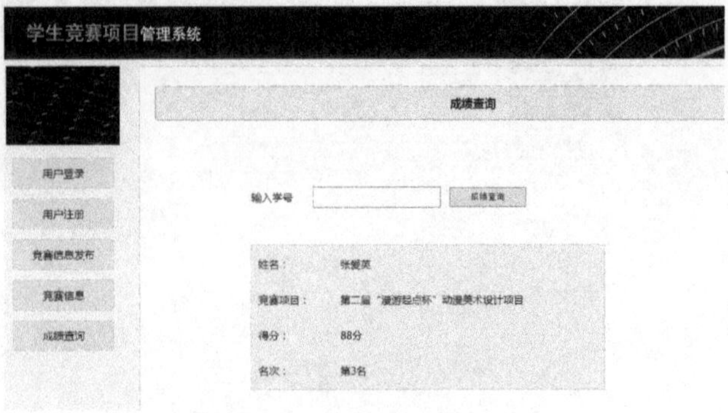

图 9-18　竞赛成绩查询页面

3. 后台管理实现

（1）创建包

后台程序存放在 src 目录下,在该目录下创建 dao、dao.impl、dao.proxy、dbc、vo 等包,分别用来存放数据库连接类、业务类等,先选择 competition 文件下的 src 文件,单击鼠标右键,在弹出的菜单中选择 New→Package 命令,具体操作过程如图 9-19 所示。

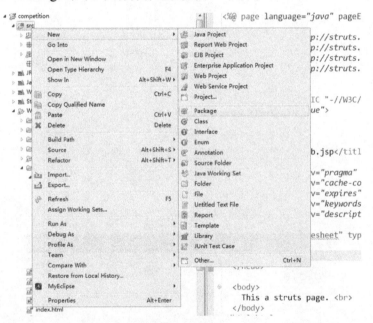

图 9-19　创建包

在创建这些包时分别输入相关包的名称,并将后续的程序代码存放到相应的包文件中,创建包的窗口如图 9-20 所示。最终创建的结果如图 9-21 所示。

（2）添加连接数据库的驱动程序

要连接数据库,需要将 MySQL 数据库管理系统的数据库驱动包导入 competition 项目中,这里只需要将其复制到 WebRoot→WEB-INF→lib 目录下即可,如图 9-22 所示。

图 9-20　创建包

图 9-21　竞赛管理系统包结构　　　　图 9-22　导入 MySQL 数据库驱动程序

（3）引入 Struts 框架

Struts 是流行最早和使用最广的实现 Web 层 MVC 架构的开源框架，它是在 JSP 和 Servlet 技术的基础上开发出来的框架技术，通过它能够很好地将 Web 程序进行分层操作。创建基本的Java Web 项目后，还不能进行 Struts 开发，需要在其中加入 Struts 框架支持。在包资源管理器中，选中要加入 Struts 框架支持的项目，这里选中 competition 项目。在 MyEclipse 的菜单中，选择 MyEclipse→Project Capabilities→Add Struts Capabilities 命令，弹出加入 Struts 支持窗口，如图 9-23 所示。

其中，Struts config path 表示 Struts 配置文件的名称和所在目录，通常采用默认值。Struts specification 表示要加入的 Struts 的版本，有 3 个版本可以选择，这里选择最常用的 Struts 1.2 版本。ActionServlet name 表示 Struts 核心控制器配置的名称，通常采用默认的 action。URL pattern 表示使用中心控制器对哪些请求进行处理。Base package for new classes 表示新建的 Action 和 ActionForm

的根包名，这里填写 com.sompetition.stuts。Default application resources 用来输入 Struts 1 的默认资源文件名，它的位置默认在 Struts 包下。单击 Finish 按钮，将完成 Struts 框架支持，如图 9-24 所示。向普通项目中加入 Struts 支持，主要工作就是向项目中加入 JAR 包，给出 Struts 的配置文件和在 web.xml 中对核心控制器进行配置。

 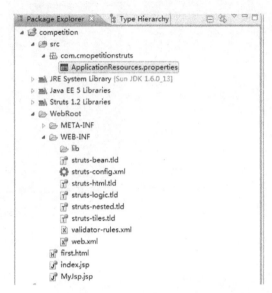

图 9-23　引入 Struts 框架技术　　　　　　　　图 9-24　Struts 框架库文件

图 9-24 中，com.competitionstruts 是 Struts 程序的根包，Action 程序通常放在 action 子包下，ActionForm 程序通常放在 form 子包下。在 Struts 1.2 Libraries 节点下有 Struts 框架相关的 JAR 包，但在实际项目目录中，这些 JAR 包都保存在 lib 目录下。在 WebRoot→WEB-INF 目录下，有多个文件，其中，web.xml 是 Web 项目中的配置文件，struts-config.xml 是 Struts 框架的配置文件，在其中可以对 Action 和 ActionForm 等程序进行配置，如图 9-25 所示。

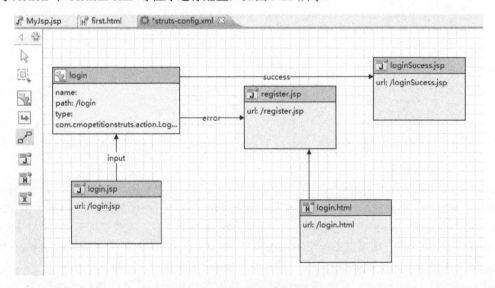

图 9-25　struts-config.xml 配置文件

（3）连接数据库

连接数据库的部分代码如下：

```java
package com.competition.dbc;
import java.sql.Connection;
import java.sql.DriverManager ;
    public class DatabaseConnection {
        private static final String DBDRIVER = "org.gjt.mm.mysql.Driver" ;
        private static final String DBURL = "jdbc:mysql://10.0.6.40:3306/
        competition" ;
        private static final String DBUSER = "root" ;
        private static final String DBPASSWORD = "Password" ;
        private Connection conn ;
        public DatabaseConnection() throws Exception {
            Class.forName(DBDRIVER) ;
            this.conn = DriverManager.getConnection(DBURL,DBUSER,DBPASSWORD) ;
        }
        public Connection getConnection(){
            return this.conn ;
        }
        public void close() throws Exception {
            if(this.conn != null){
                try{
                    this.conn.close() ;
                }catch(Exception e){
                    throw e ;
                }
            }
        }
    }
```

（4）创建业务视图中的实体或类

业务层视图实体类如图9-26所示。

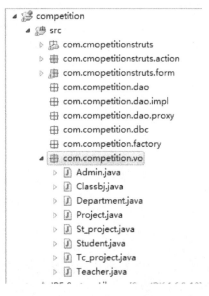

图9-26　业务层视图实体类

根据 student 表创建学生实体类，实现其最基本的属性和方法，部分代码如下：

```java
package com.competition.vo;
public class Student {
    private int st_id;
    private String st_no;
    private String st_password;
    private String st_name;
    private int classid;
    private String dp_id;
    public int getSt_id() {
        return st_id;
    }
    public void setSt_id(int st_id) {
        this.st_id = st_id;
    }
    public String getSt_no() {
        return st_no;
    }
    public void setSt_no(String st_no) {
        this.st_no = st_no;
    }
    public String getSt_password() {
        return st_password;
    }
    public void setSt_password(String st_password) {
        this.st_password = st_password;
    }
    public String getSt_name() {
        return st_name;
    }
    public void setSt_name(String st_name) {
        this.st_name = st_name;
    }
    public int getClassid() {
        return classid;
    }
    public void setClassid(int classid) {
        this.classid = classid;
    }
    public String getDp_id() {
        return dp_id;
    }
    public void setDp_id(String dp_id) {
        this.dp_id = dp_id;
```

```
        }
    }
```

(5) 向业务视图中的实体类添加数据

添加数据表中的记录,部分代码如下:

```
package com.competition.test;
import com.competition.factory.DAOFactory;
import com.competition.vo.*;
public class StudentInsert {
    public static void main(String args[]) throws Exception{
        Student student = null;
        for(int x=0;x<5;x++){
            student = new student();
            student.setStid(1000 + x);
            student.setSt_no("aaa - " + x);
            student.setSt_password("bbbb - " + x);
            student.setSt_name();
            student.setClassid();
            DAOFactory.getIStudentDAOInstance().doCreate(student);
        }
    }
}
```

(6) 实现数据查询

查询数据表中的数据,部分代码如下:

```
package com.competition.test;
import java.util.*;
import com.competition.factory.DAOFactory;
import com.competition.vo.*;
public class TestDAOSelect {
    public static void main(String args[]) throws Exception{
        List<Student> all = DAOFactory.getIStudentDAOInstance().findAll("") ;
        Iterator<Student> iter = all.iterator();
        while(iter.hasNext()){
            Student  student1= iter.next();
            System.out.println(student1. getSt_no()+ "、" + student1.
                    getSt_name() + " --> " + student1. getDp_id());
        }
    }
}
```

(7) 数据表的基本操作

对数据表执行基本操作,部分代码如下:

```
package com.competition.dao.impl;
import java.util.*;
import java.sql.*;
import com.competition.dao.*;
import com.competition.vo.*;
public class StudentDAOImpl implements StudentDAO {
```

```java
            private Connection conn = null;
            private PreparedStatement pstmt = null;
            public StudentDAOImpl(Connection conn){
                this.conn = conn;
            }
            public boolean doCreate(Student student1) throws Exception{
                boolean flag = false;
                String sql = "INSERT INTO student(st_id, st_no, st_password, st_name,
                                classid, dp_id) VALUES (?,?,?,?,?,?)";
                this.pstmt = this.conn.prepareStatement(sql);
                this.pstmt.setInt(1,student1.getst_id ());
                this.pstmt.setString(2, student1.getst_no());
                this.pstmt.setString(3, student1.getst_password());
                this.pstmt.setDate(4, student1.getst_name());
                this.pstmt.setFloat(5, student1.getclassid());
                this.pstmt.setFloat(6, student1.get dp_id());
                if(this.pstmt.executeUpdate() > 0){
                    flag = true;
                }
                this.pstmt.close();
                return flag;
            }
        }
```

（8）发布项目

在 MyEclipse 中，支持散包发布和打包发布两种发布 Java Web 项目的方式，散包发布的优点是能够实时同步，执行一次发布以后，如果在 MyEclipse 中对 JSP 程序进行了修改，会自动使用修改后的文件替换服务器中的原文件。这种方式下，不用重新发布项目，只需要刷新页面就能够看到修改后的效果。

在包资源管理器中，选中要发布的项目，例如，选中 competition 项目。单击 MyEclipse 工具栏中的"发布"按钮，如图 9-27 所示。

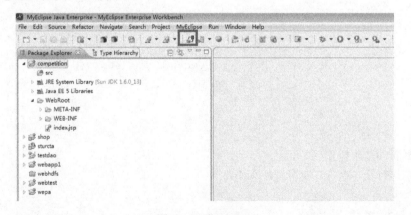

图 9-27 发布项目

单击"发布"按钮后，会弹出项目发布窗口，如图 9-28 所示，其中，Project 选项表示要发布的项目，默认是前面操作中选中的项目，也可以选择其他项目，这里会将当前工作空间的 Java Web 项目都列出来。

图 9-28　项目发布窗口

Delployments 表示发布到哪一个应用服务器下，单击 Add 按钮，将弹出选择服务器窗口，如图 9-29 所示。

图 9-29　选择服务器窗口

其中，Web Project 表示发布的项目，它是固定的。Server 选项表示选择发布到哪一个应用服务器中，这里选择 Tomcat 6.x，也就是配置的外部 Tomcat 服务器。Deploy type 表示发布的方式，Exploded Archive (development mode)选项表示散包发布，Packaged Archive (production mode)选项表示打包发布，这里选择散包发布。Deploy Location 选项表示发布的具体目录，选择服务器后，该选项会自动填充。单击 Finish 按钮，完成应用服务器的选择，回到指定项目发布窗口，单击 OK 按钮完成项目的发布。

（9）项目运行

项目发布后，在 Web 服务器中运行项目，在 Server 窗格中，选中要启动的服务器，因为项目是发布到 Tomcat 6.x 服务器下,所以这里选中 Tomcat 6.x 服务器。单击鼠标右键,在弹出的菜单中单击 Run Server 命令,启动服务器,如图 9-30 所示。此时在控制台中将显示启动服务器的信息。

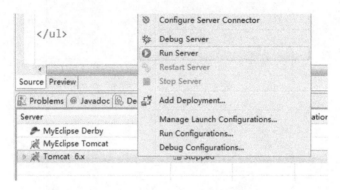

图 9-30　启动 Tomcat 服务器

当显示如下信息时,表示启动完成。

> 信息: Server startup in 5677 ms

其中的数字表示启动所用的时间,如图 9-31 所示。

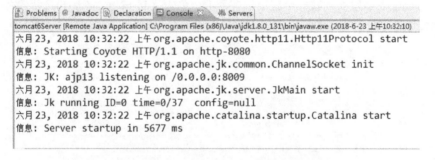

图 9-31　Tomcat 服务器启动成功信息

成功启动服务器后,打开任意一款浏览器,在浏览器地址栏中输入如下地址:http://localhost:8080/,其中,localhost 表示本地服务器。按下 Enter 键,或者单击浏览器中的"转到"按钮,显示结果如图 9-32 所示,进入学生竞赛项目管理系统。

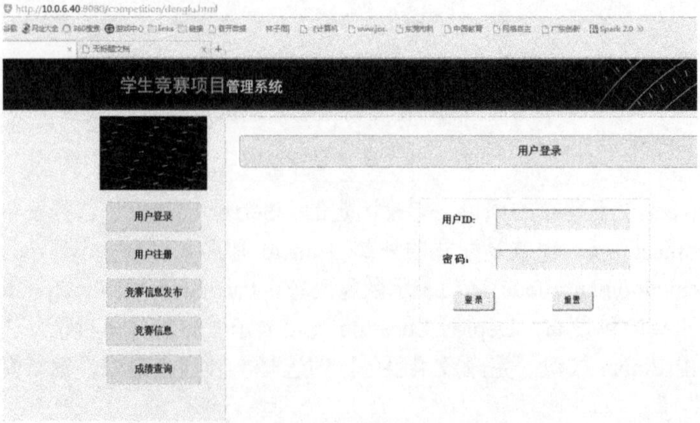

图 9-32　进入学生竞赛项目管理系统

四、任务总结

本任务主要通过系统开发平台实现了系统的前端页面及后台管理开发。通过搭建开发环境,实现系统前端的页面设计制作,通过 MyEclipse 开发平台,实现系统后台管理的程序设计,并建立 Java Web 系统,发布学生竞赛项目管理系统,最终实现将前端的页面文件数据提交到后台数据库中。

实践训练

【实践任务 1】

设计一个基于 B/S 架构的学生选课管理系统,画出其功能图及流程图。

【实践任务 2】

搭建一个基于 B/S 架构的 Web 开发平台,实现 Web 服务器的正常访问。

参考文献

[1] 刘增杰，李坤. MySQL 5.6 从零开始学[M]. 北京：清华大学出版社，2013.
[2] 任进军，林海霞. 数据库技术与应用[M]. 北京：人民邮电出版社，2017.
[3] http://www.jb51.net/article/82399.htm.
[4] 石坤泉，汤双霞，王鸿铭. MySQL 数据库任务驱动式教程[M]. 北京：人民出版社，2014.
[5] 传智播客高教产品研发部. MySQL 数据库入门[M]. 北京：清华大学出版社，2015.
[6] 王志刚，江友华. MySQL 高效编程[M]. 北京：人民邮电出版社，2012.
[7] 王飞飞，崔洋，贺亚茹. MySQL 数据库应用从入门到精通（第二版）[M]. 北京：中国铁道出版社，2014.
[8] 刘增杰，张少军. MySQL5.5 从零开始学[M]. 北京：清华大学出版社，2012.
[9] 孙祥盛. MySQL 数据库基础与实例教程[M]. 北京：人民邮电出版社，2014.
[10] 李兴华. JavaWeb 开发实践[M]. 北京：清华大学出版社，2014.